植物の知恵
― その仕組みを探る ―

植物生理化学会　編

長谷川宏司　監修

大学教育出版

推薦の辞

　少子化・国際競争が進む中で、大学教育の質の転換が求められています。そのためには、高校教育も変える必要があり、高校教育と大学教育をつなぐ大学入試も改革する必要があります。これが「高大接続改革」で、この改革では、厳しい時代を乗り越え、新たな価値を創造し社会で自立していくための「学力の3要素」が求められることとなりました。具体的には、①知識・技能、②思考力・判断力・表現力、③主体性を持って多様な人々と協働して学ぶ態度（主体性・多様性・協働性）を、多面的・総合的に評価すべく、大学入試が変わっています。

　本書は、まさに高大接続改革の模索の最中に高校生活を終えて、大学に進学した学生さんをはじめ、植物の生存戦略に関心がある方々を対象としたもので、その記載内容はかつて高校の生物の授業で学んだ"植物の環境応答"（本書では"植物の知恵"と呼称）の章に相当します。これまで"植物の知恵の仕組み"について世界の最前線で研究されてこられた研究者の方々がご自身の研究を通して、それぞれの分野における世界の研究の歴史、高校・生物の教科書に記載されている内容の検証、現在、どのような研究がなされ、どこまで解明されたのかなどをわかりやすく解説されています。高校での生物の履修の有無にかかわらず、"植物の知恵"に興味を持つ多くの皆さんに是非お読みいただきたいと思います。

　さらに、本書がそれぞれの研究分野で世界をリードしてこられた研究者の方々が一堂に会して執筆され、現状の研究の動向にも触れられていることから、高校で生物を教えておられる先生方も"授業のたね本"として一読されることをお薦めします。

　　鹿児島純心女子高等学校・進路指導部主任・博士（生物科学）　東郷重法

は し が き

　数十年前、アマゾン川流域を代表とした大規模な森林の伐採や、石炭や石油といった化石燃料を燃やすことで大気中の二酸化炭素濃度が上昇することによって生じる地球温暖化が大問題となりました。最近は化石燃料にかわる風力発電や太陽光発電などといった環境保全型発電が展開されていますが、すべてを解決できるまでには至っていないのが現実です。化石燃料にかわる電力として人間の英知で開発したはずの原子力発電も一度、事故が発生すれば取り返しがつかないことは東日本大地震で経験済みです。

　地球規模から見た場合、植物特有の生物機能である"光合成"によって、地球温暖化の元凶である二酸化炭素を吸収し、逆に生物の生命活動を支える酸素を放出し、地球環境浄化の一翼を担っているのが植物です。

　毎年、春になったら梅や桜の花見や、晩秋のモミジの紅葉やイチョウの黄葉といった年中行事として私たちの精神的享受を支えているのも植物です。街路樹や草花、さらにあれほど厄介者とさえいってきた道端の雑草さえも消えてしまったら、町中、無味乾燥な家々や高層建築物だけの殺風景なモノトーンの世界です。精神的な面でも人間を支えているのが植物です。さらに、AI によって医薬品を人工的に製造する時代に入りましたが、漢方薬をはじめ、まだまだ植物起源の医薬品の開発も依然として行われています。つまり、私たちは植物なしで生きていくことはきわめて困難であるということです。

　私たちは夏、猛暑になればクーラーや扇風機で涼み、紫外線が強い季節にはサングラスをかけたり、日傘をさしたり、台風が来襲すれば堅固な建物の中に避難したり、また、冬の極寒には暖房機器で部屋を暖めたりして、外の環境が悪化しても快適に生活することができます。動物や昆虫も自らの意志で自由に生活の場所を移動できることから厳しい環境変化に対応できます。一方、土壌に根を張り、生活の場所を自らの意志で自由に移動することができない植物は大変です。いずれの環境変化にも死を覚悟しなければなりません。しかし、実

際には悪い環境下でも何も言わず、じっと耐えて生きています。どうも、生活の場所を移動することができないというハンディーを背負っている植物には悪い環境下でも生き抜いていくための知恵（戦略）が具備されているようです。

　この"植物の知恵"の仕組みを植物生理学、天然物化学、農芸化学、分子生物学や宇宙生物学などの観点から解明することを目的として 2011 年に設立されたのが、本書を編集する"植物生理化学会"です。植物生理化学会の活動史は本書・巻末をご覧ください。これまでは大学や官民の研究所の研究者を対象として"植物の知恵"に関する学術書を多数上梓してきましたが、2020 年が学会創設十年目になることを記念に、IT や AI にも対応でき、瞬時にさまざまな情報を手にすることができる将来を嘱望される大学生の皆さんをはじめ"植物の知恵"に関心のある方々を対象とした『植物の知恵 ― その仕組みを探る ―』というタイトルの書籍の出版を企画し、それぞれの研究分野で世界をリードしてこられたレジェンドの方々にご執筆いただきました。なお、本書に取り上げられなかった他の"植物の知恵"（"頂芽優勢"や"紫外線、微生物、塩害との戦い"など）については、『植物の知恵とわたしたち』（大学教育出版、2017 年）をご参照ください。

　本書で扱っている"植物の知恵"は、読者の皆さんが高校時代に学んでいた生物の教科書では"植物の環境応答"の中に記載されています。そこに記載されている研究成果の多くは昭和 30 年半ばまでに生物学者（植物生理学者）によって生物検定法（当時、植物生理学者は物質量を機器分析で測定できなかったことから、物質を植物に与えて、その反応から物質量を算出するという間接的な方法）など生物学独特の手法を用いて得られたものがほとんどです。

　昭和後半から平成にかけて、世界に先駆けて日本を中心に、植物生理学者自身が革新的な研究を展開したことに加え、植物生理学者と天然物化学者との間で有機的な共同研究が展開され、国内にとどまらず外国の著名な研究者との国際共同研究に発展してきました。その後、この潮流に分子遺伝学者が加わることによって、新たな発見が数多く得られるようになりました。時には、従来の仮説を覆す新たな仮説の誕生が散見されるようにもなりました。今回ご執筆いただいた先生方は正にその潮流の先頭に立って活躍してこられた方々です。

　先生方には、それぞれご担当の"植物の知恵の仕組み"に関する"世界の研究の歴史"を詳細に解説していただき、読者の皆さんが高校で学習した「生物」と「生物基礎」の教科書に掲載されていた事柄はどの時代までに得られた研究成果に基づくものなのか、さらに生物学者と化学者などとの国際共同研究によってどのような革新的研究成果が得られるようになったのか、「植物の知恵の仕組みはどこまで解明されたのか」について解説していただきました。

　なお、読者の皆さんの中には化学物質の構造式が苦手だと思っている人が少なくないと推察されます。そこで文中には化学構造式の記述を抑えていただきました。ただし、逆に構造式に興味を持っている方のために、巻末に"植物の知恵の仕組み"を制御する化学物質の構造式を列記いたしましたのでご覧ください。本文中に［→］で頁を示しています。

　また、読者の皆さんの中で、今回ご執筆いただいた先生方に是非お尋ねしたいことがありましたら、大学教育出版あてにメールでご連絡ください。適時、応じていただけます。

　本書が、読者の皆さんが"植物の知恵の仕組み"に関心を持ってくださり、将来、さまざまな分野での活躍に少しでも貢献できれば望外の喜びであります。

　最後に、本書上梓に際して、丁重な推薦の辞をいただきました鹿児島純心女子高等学校・進路指導部主任の東郷重法先生に心より御礼を申し上げます。

　令和4年10月

　　　　　　　　　　　植物生理化学会会長　　長谷川　宏司

植物の知恵 ― その仕組みを探る ―

目　次

凡例 ………………………………………………………………………

　［→ p. ○○］は、構造式を掲載している付録 1 の頁を示しています。

植物の知恵 ― その仕組みを探る ―

第1章

光 合 成

1. はじめに

　植物は光のエネルギーを有機物の化学エネルギーに変換し、その化学エネルギーを使って生活しています。この光エネルギーから化学エネルギーへの変換の過程が光合成です。光合成という仕組みをからだに備えていることは、植物の大いなる特徴です。

　一方、動物は食べ物からしかエネルギーを得ることができません。私たち人間は食べ物を動物や植物など他の生物から得ていますが、動物の食物の来し方をたどると生命のエネルギーの源は太陽の光であることがわかります。

　光合成の過程で二酸化炭素が吸収されますが、大気中の二酸化炭素は、いったん地球に到達した太陽光のエネルギーが赤外線となって宇宙空間に放出されることを防ぐ働きを持っています。温室効果といいます。二酸化炭素は温室効果により地球の気温を適度に暖かく保ち、生命を育んできました。

　産業革命を契機とする工業化の進展と人口の増加により、人間のエネルギー消費は爆発的に増加しました。この過程で、過去の光合成の産物である石炭や石油が燃やされて二酸化炭素が放出されるとともに、森林が伐採され都市がつくられ植物が生きる場所を狭めていきました。このために大気中の二酸化炭素濃度が増加し、温室効果の影響が大きくなって地球が温暖化しました。南極大陸やグリーンランドなどの氷河の融解と海水の体積膨張があいまって海水面が上昇し、南太平洋やインド洋の島国の一部が水没することが心配されるま

でになったのです。

　本章では、地球上に生きる生物のエネルギー源である太陽の光を捕まえる反応であり、地球環境の将来を考える上でも重要な光合成について、その研究の歴史を踏まえながら解説していきたいと思います。みなさんが小学校や中学校で光合成について学んできたことを整理することから始めましょう。

2. 小・中学校での光合成学習を振り返る

（1）小学校での学習

　1、2年生では生活科の栽培活動で、草花には水をやらないと枯れてしまうことや光が当たって暖かいところで植物がよく育つことを、からだにしみこむように理解していきます。光合成に関する学習は低学年から始まるのです。

　理科を学び始める3年生では、ヒマワリなど夏に花の咲く一年生の双子葉の植物を育て観察し、植物のからだが葉、茎、根からできていることや、種子が発芽して子葉を開き、茎が成長して本葉を展開した後につぼみができて開花し、結実して種子を形成するという生活環があること、などを学びます。暖かく日が長い季節に植物が活発に成長することを体験的に学習するのです。

　4年生では、植物の成長と、日照時間や気温の変化を指標とした季節の変化とを、関連づけながら調べます。日々の気温の変化や植物の伸長をグラフにしたり、日の出・日の入りの時刻を新聞やインターネットを通じて調べたりして、植物の成長には光と温度が必要であることを学びます。

　5年生では、計画的な実験をデザインして植物の成長と温度や光などの環境の要因との関係を調べます。湿らせたガーゼにインゲンの種子をのせたものを2セットつくり、一方は冷蔵庫に入れ他方は黒い箱をかぶせて室温に置き、発芽の実験を行ったことを覚えているでしょう。室温に置いたインゲンの種子だけが発芽します。さらに、ビーカーの底に沈めて空気に触れないようにするとインゲンの種子の発芽が遅れます。これらの実験から植物の発芽には水と適切な温度と空気が必要であるが、光は必要ないことを学びます。一方、発芽後の植物の成長には、光が必須であることを実験で確認します。箱をかぶせて日光

を遮断すると植物の葉が黄色になり、成長しなくなるという実験です。

　インゲンの種子の大部分は発芽後には子葉となる部分で占められています。発芽前の子葉となる部分にヨウ素液を垂らすと紫色を呈色するヨウ素デンプン反応が観察できますが、発芽後の子葉にヨウ素液を垂らしてもヨウ素デンプン反応は観察できません。植物は、発芽するときに子葉となる部分に蓄えていたデンプンを消費するのです。暗所に置いた植物の葉が黄色くなって元気がなくなることや葉が太陽に向かって広がっているということなどを合わせて考えると、成長に必要なデンプンは葉でつくられるのではないかという、6年生の追究課題が浮かんできます。

　葉の一部にアルミホイルを巻いて日光を当て、その後アルコールで脱色した葉や、叩き染めをしたろ紙（写真1-1）を、ヨウ素液に漬けて観察します。すると、葉の日光が当たったところが紫色になります。日光が当たった葉でデンプンがつくられるのです。

　光が当たらない根も伸長しますし、デンプンを多く含むジャガイモやサツ

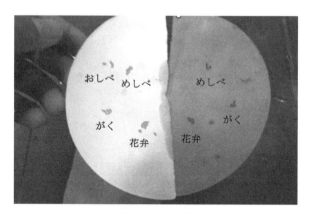

写真1-1　叩き染め

ファストプランツという植物の葉などの部分をはさんで二つ折りにしたろ紙を木槌で叩いて染め、折り目で切ったろ紙の一方を漂白剤で脱色した後にヨウ素液に浸し（右）他方の植物の残渣（左）と比較しました。写真は、花を分解して調べたものです。この実験をくり返すと、光が当たると植物の緑色の部分ではすべてデンプンがつくられることがわかります。なお、観察しやすいように写真を処理しました。

（撮影：髙橋知美）

マイモの可食部分は日が当たらない地中に発達します。葉でできたデンプンが、成長に使われたり、からだのあちこちで栄養となって蓄えられたりすることが、考察できます。

発芽には空気が必要でしたが、発芽後の植物と空気との関わりも気になります。光を当てた植物のまわりの空気の変化を気体検知管を使って確かめると、酸素の濃度が高くなり二酸化炭素の濃度が低くなることがわかります。植物に光を当てると二酸化炭素を吸収し、酸素を発生するのです。

小学校の学習をまとめると以下の通りになります。

① 日光がよく当たるところで育てた植物は大きく成長する。
② 植物の葉に光が当たるとデンプンができ、デンプンを使って植物は成長する。
③ 植物に光を当てると二酸化炭素を吸収し酸素を発生する。

（2） 中学校での学習

葉の断面を顕微鏡で観察すると、小さな部屋に分かれています。細胞です。細胞の中には、緑色で球形の葉緑体と呼ばれる粒が観察されます。葉全体が緑に見えるのは、小さな葉緑体が葉の全面に散らばっているからなのです。

ところで、アジサイやアサガオなどに白い部分のある葉を見ることがあります。斑と呼ばれるこの白い部分には葉緑体がありません。また、日光を当てた葉をヨウ素液に浸けても、斑の部分ではヨウ素デンプン反応は起こりません。

これらから、「デンプンは葉緑体でつくられる」という仮説が立ちます。

光を当てたオオカナダモの葉と暗所に置いたオオカナダモの葉を脱色し、ヨウ素溶液に浸けて顕微鏡で観察します。光を当てた葉にはヨウ素デンプン反応を起こした葉緑体が観察されます。一方、光を当てなかった葉ではヨウ素デンプン反応は観察されません。デンプンは葉緑体でつくられるのです。

小学校、中学校での学習で、光合成が起こる場所が、「葉」→「葉の緑色の部分」→「葉緑体」、とだんだん狭まってきました。

ここまでの学習をまとめると、「光合成は、水と二酸化炭素からデンプンなど有機物を合成し酸素を発生する葉緑体での反応である」となります。読者の

みなさんには小・中学校での学習を甦らせていただけましたでしょうか？

（3） 小・中学校での学習と光合成の科学史

　植物が酸素を発生することを発見したイギリスのプリーストリーの研究や、植物に酸素を発生させるためには光が必要であることを発見したオランダのインヘンハウスの研究、二酸化炭素が光合成に必要であることを示したスイスのセネビエの研究など、光合成に関する基本的な知見の多くは18世紀に得られたものです。また、ヨウ素デンプン反応は19世紀にドイツのザックスが光合成の研究のために用いた技術です。小・中学校で学ぶ光合成の仕組みは、18世紀から19世紀にかけて基本的な実験器具を駆使して追究されてきました。ですから小・中学校の光合成に関する学習から課題を見つけると、しばし

写真 1-2　家庭でもできるプリーストリーの実験
　プリーストリーは、植物とともにガラス鐘に入れたろうそくが燃え続けるなどの実験結果を、酸素の発見に結びつけました。
　水をはったトレイにガラス瓶を2つ逆さに置いて、片方にはろうそくと庭先に生えていたカタバミを植えた鉢を、他方にはろうそくだけを入れます。いったん灯したそれぞれのろうそくの火が消えた後、晴れた日に半日ほどガラス瓶を日光に当てます。その後ろうそくに再点火すると、鉢を入れた瓶のろうそくの方が、少し長い間燃え続けます。
（撮影：千葉崇史）

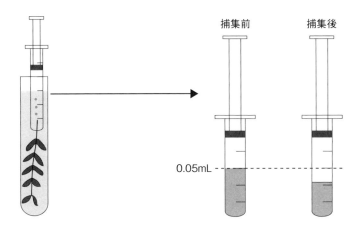

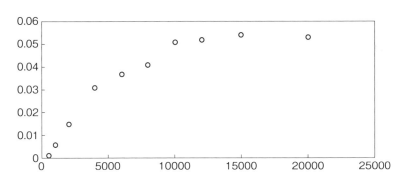

図1-1 植物の発生する気体を短時間で測定する装置（上）と測定結果（下）
測定結果の、横軸は試験管表面の照度（lx）、縦軸は5分間の気体発生量（mL）を表します。インヘンハウスは水草に光を当てると酸素を含んだ気泡が出てくることを発見しました。それをヒントに1mLの容量の注射筒の針を取り付ける突起を切り取り、できた穴にオオカナダモを差し込み、水で満たした試験官の中に入れ、光を当て、発生した気体を捕集して体積を測定する装置を工夫しました。気体は、オオカナダモの茎の切断面からからだの外に出て注射筒にたまります。小容量の注射筒を使いますので短時間で発生した気体の体積が測定できます。
（イラスト、実験結果ともに千葉崇史）
注：オオカナダモは日本の生態系等に影響を及ぼすおそれのある外来生物です。
　　観察・実験に用いた後は、生体の一部または全部を野外に逸出させないよう
　　注意が必要です。

ば夏休みの自由研究やクラブ活動で追究していくことができます。

　写真1-2、図1-1に、プリーストリーやインヘンハウスの研究にヒントを得て理科教師の千葉崇史さんが工夫した、その原理が理解できる実験系を紹介します。

　ところで、中学校の理科教科書には、光合成における水の関与を実証した実験についてはほとんど言及がありません。

　デンプンを合成するなどの二酸化炭素を固定する能力を失った葉緑体に酸化剤を加えて光を当てると酸素が発生します。1930年代にイギリスのヒルが発見した現象です。この反応に二酸化炭素は関与しませんので、酸素の出所は水ということになります。光合成における水の関与を明瞭に示したのは、1941年に発表されたアメリカのルーベンらによる研究です。天然の酸素の99%以上が原子量16の酸素（^{16}O）ですが、原子量が異なる^{17}Oや^{18}Oもわずかに存在しています。ルーベンらは^{18}Oを多く含むようにした水の中に緑藻を入れて光を当てました。すると緑藻が発生した酸素にも^{18}Oが多く含まれていました。一方、二酸化炭素に含まれる^{18}Oの割合を高くして実験しても、緑藻が発生した酸素に含まれる^{18}Oの割合は高くなりませんでした。光合成の過程で発生する酸素が水に由来することを如実に示した研究です。

3. 葉緑体のつくりと反応

（1）葉緑体のつくり

　葉緑体にはどのようなつくりがあり、どのような働きがあるのでしょうか。

　図1-2を見てください。葉緑体は二重の包膜と呼ばれる膜で覆われています。包膜の内側には扁平なチラコイドと呼ばれる構造があります。チラコイドとはギリシャ語で袋という意味で、チラコイド膜と呼ばれる膜でつくられた袋です。チラコイド膜には葉緑体の緑色の色素であるクロロフィルや黄色や赤色の色素であるカロテノイドがあります。チラコイドの内側の空間はチラコイドルーメンと呼ばれます。包膜の内側かつチラコイドの外側の部分はストロマと呼ばれます。

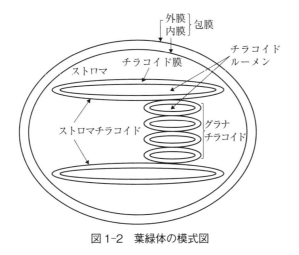

図 1-2 葉緑体の模式図

　チラコイドが重なった部分をグラナチラコイド（グラナラメラ）と呼び、重なっていない部分をストロマチラコイド（ストロマラメラ）と呼びます。

　葉緑体は光エネルギーをデンプンなどの有機物の化学エネルギーに変換します。この変換にはいくつかのステップがあり、チラコイド膜やストロマなどのつくりが関わっています。

（2）　チラコイドでの反応

１）　光のエネルギーの吸収

　クロロフィルが緑色に見えるのはなぜでしょうか。

　光は電磁波の一種です。ラジオやテレビの放送に用いられる電波も電磁波の一種です。ラジオやテレビで用いられる電波の波長は放送局ごとに違いますが、東京地方で流れる NHK ラジオ第一放送の電波の波長は 500m ほどです。私たちの眼に光として感じられる電磁波の波長はそれに比べるとずっと短く、400nm（ナノメートル）付近から 800nm 付近です。1nm は 1m の 10 億分の 1 の長さですから、可視光の波長は東京で使われている NHK ラジオ第一放送の電波の 10 億分の 1 くらいということになります。

　可視光の波長が変わると私たちが感じる色彩が変わります。虹は、小さな水

滴が太陽光に含まれるさまざまな光をプリズムのように分光する現象ですが、虹の七色を長波長から短波長に順に並べると、赤、橙、黄、緑、青、藍、紫となります。紫よりも短い波長の光は紫外線と呼ばれ、赤よりも長い波長の光は赤外線と呼ばれます。分光した光を肉眼で観察する直視分光器という道具があります。太陽光線を分光して直視分光器で観察すると、緑色と黄色の間には黄緑色が、緑色と青色の間には青緑色が見えます。色の間に境目があるわけではなく連続した変化なのですから、見分けられるかどうかは別として、無限の色彩があると言ってもよいでしょう。

　光が当たっている葉を見ると緑色に見えます。クロロフィルは赤、橙、青、藍、紫の波長帯の光を効率よく吸収します。カロテノイドは、緑色よりも波長の短い可視光を吸収します。クロロフィルやカロテノイドに吸収されずに残った、緑色とその近辺の波長の光が葉に反射されたり、葉を透過した後に眼に入るので葉は緑色に見えるのです。

　2）　水の分解と電子の伝達

　クロロフィルやカロテノイドが捕まえた光のエネルギーによって光化学反応が起こります。この光化学反応にはチラコイド膜にある光化学系Ⅰ、光化学系Ⅱと呼ばれる2つの光化学系が関与しています。葉緑体のクロロフィルやカロテノイドなどの色素はすべてチラコイド膜にあるタンパク質に結合しているのですが、これらの色素が捕まえた光のエネルギーは反応中心クロロフィルと呼ばれる特別なクロロフィルに送られます。色素がタンパク質に結合することによってエネルギーの移動がしやすくなっているのです。

　光化学系Ⅱの反応中心クロロフィルはこのエネルギーを使って、チラコイド膜の内側つまりチラコイドルーメンに存在する水から電子を引き抜きます。電子を引き抜かれた水は分解されて水素イオンと酸素分子になります。酸素分子はチラコイド膜や葉緑体の包膜を通り抜けて、最終的には気孔から外界に出ていきます。水素イオンは、チラコイドルーメンにたまり込みます。

　光化学系Ⅱで水から引き抜かれた電子はチラコイド膜の中で受け渡し（電子伝達）をされて、もうひとつの光化学系である光化学系Ⅰにたどりつきます。

　光化学系Ⅰは光のエネルギーを使って、NADP⁺（酸化型のニコチンアミド

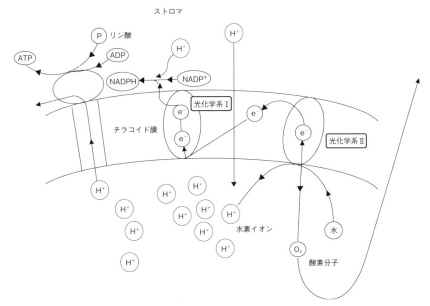

図1-3　チラコイドでの電子伝達およびATPとNADPHの合成

アデニンジヌクレオチドリン酸）と、光化学系Ⅱから流れてきた電子および周囲の水素イオンから、NADPH（還元型のニコチンアミドアデニンジヌクレオチドリン酸）をつくります。NADPHはチラコイド膜の外側でつくられます。

3）　エネルギーの通貨ATPの合成

　光化学系Ⅱから光化学系Ⅰへの電子伝達の過程で、ストロマからチラコイドルーメンに水素イオンを運び込む反応が起きます。水が分解されたときにできる水素イオンと合わせてチラコイドルーメンには水素イオンがたまり込みます。チラコイド膜を隔てて、ストロマとチラコイドルーメンとの間に水素イオン濃度差ができるのです。チラコイド膜には水素イオンが通り抜けるトンネルがあり、トンネルをチラコイド膜の内側から外側へと水素イオンが抜け出ることによって濃度差を解消します。この反応に伴って、ADP（アデノシン二リン酸）とリン酸からATP（アデノシン三リン酸）がつくられます。光合成を「光のエネルギーを使ってATPを合成する反応」と定義する場合もあります

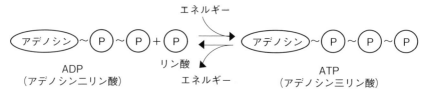

図 1-4　エネルギーの通貨 ATP

　ATP（アデノシン三リン酸）はアデノシンという物質に３つのリン酸が結合した
物質です。リン酸の結合に大きなエネルギーをため込むことができることと、生
物のからだの中のさまざまな反応に関与してエネルギーを供給することができる
こと、が特徴です。からだのさまざまな反応に共通してエネルギー供給するこ
とから、エネルギーの通貨と呼ばれます。アデノシンにリン酸が１つ結合した
AMP（アデノシン一リン酸）が、エネルギーの出入りに関与することもあります
（図 1-6）。

が、さまざまな生物の反応にエネルギーを供給する ATP 合成こそが光合成の
本質です。

（3）　ストロマでの反応 ― 二酸化炭素固定 ―

　チラコイドで合成された ATP が細胞にそのまま運ばれて、植物の活動に使
われるわけではありません。いったんデンプンなどの糖をつくってエネルギー
をため込みます。この過程を二酸化炭素固定といいます。

　植物の二酸化炭素固定には、ストロマにあるカルビン＝ベンソン回路（図 1
-5）という反応系が関与しています。この反応は次のように進みます（①～⑥
は図 1-5 中の番号に対応しています）。なお、図中の©は化合物に含まれる炭
素原子（C）を示します。

①　カルビン＝ベンソン回路が動き始める前に、リブロース二リン酸
　　（RuBP）と呼ばれる５つの炭素原子を含む化合物が３分子準備されてい
　　ると考えます。
②　RuBP カルボキシラーゼ／オキシゲナーゼ（Rubisco）と呼ばれる酵素
　　に RuBP と二酸化炭素が１分子ずつ取り込まれます。
③　Rubisco の働きで、RuBP と二酸化炭素から３つの炭素原子を含むリン

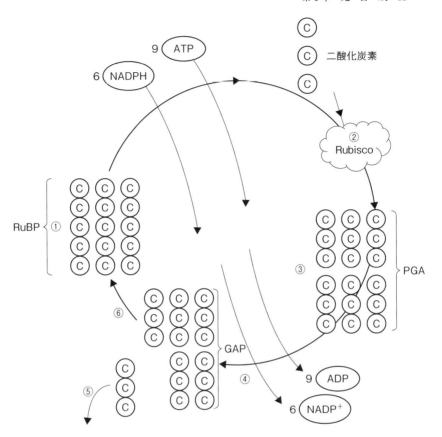

図1-5 カルビン・ベンソン回路

炭素原子の収支に着目して単純化して整理した回路。本来はもっと複雑な経路を
たどります。ストロマの溶液の中で連続的に起きる反応であり、反応の場として
観覧車のような特別な構造があるわけではありません。

グリセリン酸（PGA）が2分子つくられます。この反応が3回起こり、
PGAが6分子つくられます。

④ 6分子のPGAは化学反応を経て、6分子のグリセルアルデヒドリン酸
（GAP）となります。

⑤　6分子のGAPのうち1分子がカルビン・ベンソン回路から抜けます。カルビン・ベンソン回路から抜けたGAPは、3つの炭素原子を含むジヒドロキシアセトンリン酸（DHAP）となって葉緑体外に運ばれスクロースの合成などに使われたり、葉緑体内で一時的に貯蔵されるデンプンの合成に使われたりします。葉緑体内で合成され一時的に貯蔵されるデンプンは同化デンプンと呼ばれます。

⑥　残った5分子のGAPから、複雑な反応を経て、3分子のRuBPができ、①に戻ります。

　以上をまとめると、カルビン・ベンソン回路が一回転すると、3分子の二酸化炭素が固定されるということになります。また、カルビン＝ベンソン回路が一回転する間に6分子のNADPHがNADP$^+$に、9分子のATPがADPに変わります。チラコイドで光のエネルギーをATPやNADPHの化学エネルギーに変換し、さらにカルビン＝ベンソン回路で3つの炭素を含む化合物の化学エネルギーに変換した、ということです。

　カルビン＝ベンソン回路を解明したのは、1940年代から1950年代前半にかけてのアメリカのカルビン、ベンソン、バッシャムらの研究です。彼らは、放射性の炭素を含んだ二酸化炭素を緑藻に短時間取り込ませ、その行方を追いかけるという研究手法をとりました。光照射下で放射性の炭素を含む二酸化炭素を取り込ませた緑藻を、熱いエタノールに入れて反応を停止させます。取り出したさまざまな有機物の混合物をペーパークロマトグラフィという手法を使って分離します。有機物を付着させたろ紙に液体をしみこませると、液体がろ紙の中を広がるとともに液体に溶け込んだ有機物も広がるのですが、その速さが有機物の種類によって違うので、分離することができるのです。ろ紙には放射線が当たると感光するフィルムを密着させます。フィルムを現像すると放射線の当たったところが黒いスポットとして現れます。叩き染めの後のヨウ素デンプン反応のように、元のろ紙と比べると、ろ紙のどこに放射能があるかがわかりますから、該当部分を切り取って分析し、放射線を出している物質を同定します。二酸化炭素を取り込ませてから反応を停止するまでの時間を変えて分

析を重ねれば、反応に伴って出現する化合物の変化を追いかけることができます。このようにして解明された反応系は、カルビン・ベンソン回路と呼ばれるようになりました。二酸化炭素が、最初に3つの炭素原子からなるPGAとして固定されるので、C_3回路とも呼ばれます。また、C_3回路のみで二酸化炭素固定を行う植物をC_3植物と呼びます。

　カルビン・ベンソン回路の中でRubiscoが二酸化炭素を回路に取り込む反応のスピードは遅いので、植物はRubiscoを大量に合成してこれに対応しています。流れ作業の工場で手のかかる工程が一カ所あると、全体が滞るのでその工程の担当者を増やすようなものです。それでも、晴れた初夏のように強い光が降り注ぐときにはRubiscoの反応が間に合わず、光のエネルギーを無駄にしていることも多いのです。

（4）　C_4植物とCAM植物

　サトウキビやトウモロコシなど、暑い夏の強い光のもとでも効率的に光合成を進める植物があります。このような植物を調べたところ、4つの炭素原子を含むオキサロ酢酸として最初に炭素を固定する反応系が見つかりました。この反応系はC_4回路と呼ばれます。

　図1-6に従ってC_4回路を説明しましょう。空気中の二酸化炭素は植物のからだに含まれる水に溶けて一部が炭酸水素イオン（HCO_3^-）となります。炭酸水素イオンは、ホスホエノールピルビン酸カルボキシラーゼ（PEPC）という酵素の働きで3つの炭素原子を含むホスホエノールピルビン酸（PEP）と反応し、4つの炭素原子を含む化合物（C_4化合物）であるオキサロ酢酸となります。オキサロ酢酸は同じくC_4化合物のリンゴ酸などに変化し、カルビン・ベンソン回路の近くで二酸化炭素を放出して3つの炭素原子を含む化合物（C_3化合物）となります。このC_3化合物はピルビン酸を経てPEPとなりC_4回路は一回転したことになります。

　サトウキビやトウモロコシなどの光合成では、PEPCがHCO_3^-を固定する反応は、葉肉細胞で行われます。一方、C_4化合物から二酸化炭素が放出される反応や、カルビン・ベンソン回路の反応は、葉の葉脈などに見られる維管束

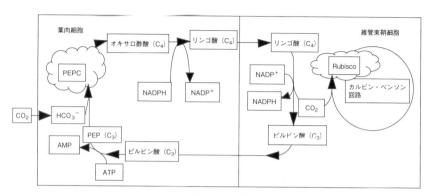

図 1-6　C_4 回路の例

のまわりの維管束鞘細胞で起こります。葉肉細胞から維管束鞘細胞へは C_4 化合物が送られ、維管束鞘細胞から葉肉細胞へは C_3 化合物が戻るという、往還です。このような光合成を行う植物を C_4 植物といいます。C_4 回路が HCO_3^- を取り込むスピードはカルビン＝ベンソン回路が二酸化炭素を取り込むスピードよりずっと速いので、維管束鞘細胞の葉緑体に含まれる Rubisco のまわりの二酸化炭素の濃度が高くなり、C_4 植物では効率的に光合成が進むのです。

　また、C_4 回路は効率的に HCO_3^- を取り込むことができるので、気孔を開けている時間が短くてすみ、蒸散によって失う水分を減らすことができます。さらに、C_4 植物は C_3 植物と比べて高温でも盛んに光合成を行うことができます。C_4 植物は強い光で効率的に光合成を行い、高温、乾燥にも適応できる光合成の仕組みを備えているのです。

　一般的に植物は、日中には気孔を開いて空気中の二酸化炭素を取り込んで活発に光合成を行い、夜になると気孔を閉じて水分や呼吸によって生じる二酸化炭素を体内にとどめます。けれども、砂漠など乾燥した環境に適応しているベンケイソウ科（*Crassulaceae*）やサボテン科など CAM（Crassulacean acid metabolism）植物と呼ばれる植物には、乾燥しやすい日中には気孔を閉じて蒸散を抑え、夜に気孔を開いて二酸化炭素を取り込む仕組みがあります。CAM 植物は、夜間、体内に取り込んだ二酸化炭素を、PEPC の働きでオキサロ酢酸として固定し、その後リンゴ酸等の有機酸として液胞に蓄積します。日

中、気孔を閉じている間に、蓄えた有機酸から二酸化炭素を取り出し、カルビン・ベンソン回路で固定します。

C_4 植物では、葉肉細胞と維管束鞘細胞とにいわば空間的に分離されていた光合成反応が、CAM 植物では時間的に分離されていると言ってもよいでしょう。

4. 細菌の光合成と葉緑体の起源

ここまでは植物の光合成について説明してきましたが、光合成を行う細菌もいます。

細菌類の光合成には多様性があります。植物の光合成では光化学系が2種類ありましたが、細菌の光合成ではしばしば1種類しかありません。植物の光合成における酸素発生は水から電子を引き抜く反応に伴う現象ですが、硫化水素などから引き抜いた電子の受け渡しと水素イオンの輸送を行って、ATP を合成したり、NADP や NADP によく似た NAD（ニコチンアミドアデニンジヌクレオチド）に水素を付加したりするタイプの光合成を行う細菌もあります。このような細菌の光合成では酸素が発生しません。また二酸化炭素固定にカルビン＝ベンソン回路を使わない細菌もあります。その中で、シアノバクテリア（ラン藻、藍色細菌）と呼ばれる細菌の光合成には植物と同様に光化学系Ⅰ、Ⅱが関与し、光化学系Ⅱの反応では水を分解して酸素を発生します。

なぜ、植物とシアノバクテリアの光合成の仕組みは似ているのでしょうか。葉緑体の起源がシアノバクテリアならば、植物とシアノバクテリアの光合成が似ていることも、納得できます。葉緑体の起源をシアノバクテリアとする考え方は、光合成の分子レベルでの研究が進んでいない 19 世紀からあったようです。

葉緑体の中に遺伝子の本体である DNA が存在することが、ウイスコンシン大学（米）のリスとプラウトや、コロンビア大学（米）のセイジャーと石田の研究により 1960 年代には明らかになっていました。それに先だって 1951 年には DNA を染める染色液で葉緑体が染まることを千葉（慶應義塾大学）が

表 1-1　葉緑体、シアノバクテリア、シアノバクテリア以外の光合成細菌の比較

	葉緑体	シアノバクテリア	シアノバクテリア以外の光合成細菌
酸素発生	する	する	しない
光化学系	2つ	2つ	1つ
葉緑素	クロロフィル	クロロフィル	バクテリオクロロフィル
二酸化炭素固定	カルビン・ベンソン回路	カルビン・ベンソン回路	生物によっては、カルビン＝ベンソン回路以外

発見するなどの研究もありました。DNA は生物の性質を決める遺伝子ですので、葉緑体に DNA があるということは、葉緑体がひとつの生物のようにも思えてきます。人間の血縁関係を DNA を用いて調べることがありますが、DNA は生物種間の系統を調べるにも有力な方法です。葉緑体とシアノバクテリアの DNA を調べてみたら、大変よく似ていることがわかりました。葉緑体の起源はシアノバクテリアであると現代の多くの研究者が考えています。

5. おわりに

「植物は光を受け取ることに都合よく形づくられている」と考えると、合点がいくことが多々あります。樹木の高さが光合成を行うことに意味があることはわかりやすいことです。

キャベツを上下から見ると五角形に見えます。キャベツの葉を観察してみると、茎のまわりにらせん状にずれながら生えています。キャベツの葉のずれ方には、おおよそ葉が5枚つくごとに茎を2周するような規則性があります。ある葉の真上に5枚上の葉が生えることになるので、キャベツを上または下から見ると五角形に見えるのです。葉の影を近接した葉につくらないような仕組みと捉えれば、キャベツの形は光合成と深く関係があると解釈することができます。

けれども植物によっては、光が弱いときには細胞の中で葉緑体が動いて光

を受けやすくし、反対に光が強すぎるときには光から逃げるように動く仕組み
も備えています。植物の仕組みの意味を考えるときには、「光を効率的に受け
取る」ということだけでなく、多様な観点が必要です。観点を変えれば、キャ
ベツの形についても先ほどとは異なる解釈ができるかもしれません。

　最近では人間が DNA を操作して問題を解決し、より効率的に光合成反応
を進める生物を作出しようとする技術も研究されています。たとえば二酸化炭
素をカルビン＝ベンソン回路に取り込むスピードが遅いので、光のエネルギー
が十分に生かせないという問題があります。この問題の解決を目指して生物の
DNA を操作し、カルビン＝ベンソン回路に速やかに二酸化炭素を取り込むよ

うにさせることによって、有機物をつ
くる効率を高めようとする研究が行わ
れています。また、光合成の生産物と
して自動車や飛行機などの燃料となる
物質をつくらせようとする研究も行わ
れています。いずれも、地球上に供給
される太陽のエネルギーを効率よく捕
まえ、人口増加による食料不足の解消
や大気中の二酸化炭素濃度増加に伴う
地球温暖化の防止に、寄与しようとす
る努力です。

写真 1-3　筆者

　一方、DNA を操作して作出された作物などが人体に悪影響を及ぼさないこ
とを丁寧に確認しなければなりませんし、新たな生物が出現することによって
環境に悪影響を及ぼさないように前もって調べ、管理することも必要です。さ
らに、人間が DNA を操作することがどこまで許されるかについては、市民の
理解が得られなければなりません。科学技術が高度化する社会では、その活用
の是非を判断する市民の教養も求められます。

参考文献

宇佐見正一郎『緑と光と人間』そしえて、1977 年

西田晃二郎『光合成の暗反応』東京大学出版会、1986 年

石田政弘『葉緑体の分子生物学』東京大学出版会、1987 年

井上勲『藻類 30 億年の自然史　第 2 版』東海大学出版部、2007 年

東京大学光合成教育研究会編『光合成の科学』東京大学出版会、2007 年

山崎巌『光合成の光化学』講談社、2011 年

髙橋知美・齋藤広大・西川洋平・小林恭士・石澤公明・田幡憲一「茎も花も光合成をする ―
　　ファストプランツの全員栽培を通じた探究活動 ―」『生物教育』54（3/4）、2014 年、p.158

日本光合成学会編『光合成事典（Web 版）』2015 年
　　https://photosyn.jp/pwiki/（2020 年 1 月 31 日　最終閲覧）

佐藤直樹『細胞内共生説の謎』東京大学出版会、2018 年

嶋田敬三・高市真一『光合成細菌』裳華房、2020 年

千葉崇史・田幡憲一・小林恭士・平真木夫「理科教育における科学史の活用」『宮城教育大学教
　　職大学院紀要』1、2020 年、pp.181-190

日本光合成学会編『光合成』朝倉書店、2021 年

福原達人『福原のページ（植物形態学・生物画像集など）』
　　https://staff.fukuoka-edu.ac.jp/fukuhara/（2022 年 11 月 21 日　最終閲覧）

第2章
光 屈 性

1. はじめに

　植物のさまざまな運動の仕組みを詳しく調べたのが、あの進化論で有名な
イギリスのチャールズ・ダーウィン（Charles Darwin）と子息のフランシス・
ダーウィン（Francis Darwin）です。彼らは自宅に建てた温室で 300 種を超
える植物のさまざまな運動について膨大な観察実験を行い、チャールズが亡
くなる 2 年前の 1880 年、71 歳のときに著書 "The power of movement in
plants"（植物の運動力）を出版しました。当時は、測定機器はおろか電灯さ
えなかった時代のことで、すべて父子の目で観察したことを紙面に書きとめ、
そこから「植物のさまざまな運動」の仕組みを考えたものです。詳細は後述し

写真 2-1　光屈性
ダイコン芽生えに左方向から青色光を照射すると、光に向
かって屈曲します。

ますが、近年目覚ましい発展を遂げた実験技術を用いて、彼らの実験を追試すると、少なくとも"光屈性"に関する実験の解釈には重大な間違いがあったことが明らかにされています。

　植物の運動のうち、環境刺激の方向に対して一定の運動を示す現象を屈性（tropism）といい、光屈性（本章）や重力屈性（第3章）があげられます。本章で取り上げるのは、Fitting（1906年）によって phototropism（photo=光、tropism=屈性）と名づけられた"光屈性"（写真2-1）です。

2. 光屈性に関する研究の歴史

　最初に、植物の芽生えが横からの光照射に対して、光方向に屈曲する運動"光屈性"に関する研究の歴史（表2-1）から紹介したいと思います。

　ところで、今回「光屈性の仕組み」の執筆に当たり、読者の皆さんが高校で学習した"生物"の内容を知るために、現役の高校・生物の先生にお願いし、現在使用されている「高校・生物の教科書や資料集」の中で"光屈性"に関する箇所のコピーを送っていただきました。教科書や資料集に記載されているのは、表2-1の研究史でいえば1975年以前の研究に基づく解釈のみが記載され、1975年から世界的に著名な植物生理学者、天然物化学者、農芸化学者や分子生物学者など幅広い分野の研究者による国際共同研究によって解明された"光屈性"に関する膨大な実証的研究成果は一つも記載されていないことがわかりました。

　そこで、本章では読者の皆さんがかつて高校で学んだ"生物の教科書"に記載されている"光屈性の仕組み"に関する研究とその問題点を"第3節"で説明し、"第4節"では1975年から現在までに行われている国際共同研究によって得られた研究成果を説明したいと思います。なお、筆者らの研究は、研究室の多くのスタッフの参加がなければ達成できなかったことから、文中にスタッフ名と論文発表年を付記したいと思います。

表 2-1　光屈性に関する研究の歴史

1880 年	ダーウィン（イギリス） 　横方向からの光を感受するのは芽生えの先端部に限られ、そこから何らかの刺激因子が下方に伝えられて光方向に屈曲することを発表。
1925 年	ボイセン・イェンセン（Boysen-Jensen、デンマーク） 　光屈性は芽生えの先端部で光側と影側組織の間で何らかの物質が横移動し、その後、下方に移動することによって起きることを発表。
1928 年	ウェント（Went、オランダ） 　光屈性はアベナ屈曲試験で活性を示す成長促進物質が芽生えの先端部で光側から影側組織に横移動し、影側組織の成長が促進されることによって引き起こされることを発表。
1931 年	ケーグル（Kögl、オランダ） 　人尿からアベナ屈曲試験で屈曲を誘導する物質（オーキシン(auxin)と命名）を 4 種類取り出し、auxin a, auxin a のラクトン、auxin b、ヘテロオーキシン（hetero-auxin）と名づけ、それらの化学構造を決定。
1937 年	ウェントとチマン（Thimann、アメリカ） 　光屈性（と重力屈性）は植物ホルモン・オーキシンの光側と影側（上側と下側）における不均等な分布によって引き起こされるという "コロドニー（Cholodny）・ウェント説" を発表。
1975 年	ブルインスマ（Bruinsma、オランダ） 　オーキシンは光側と影側組織で均等に分布することを機器分析で明らかにし、"コロドニー・ウェント説" に疑問を提起。
1983 年〜	長谷川（筆者）ら 　光屈性刺激によって光側組織で増量する成長抑制物質（オーキシン活性抑制物質）をさまざまな植物から抽出し、それらの化学構造を決定。
1990 年	ブルインスマと長谷川 　光屈性は光側組織で増量する成長抑制物質によって光側組織の成長が抑制されて起こるという "ブルインスマ・長谷川説" を提唱。

3. ダーウィンの実験からコロドニー・ウェント説の誕生まで

　高校の生物の教科書には、光屈性の仕組みが3つの古典的な実験をもとに図入りで解説されています。

（1）ダーウィンの実験

　彼らはカナリアクサヨシの芽生え（カナリアクサヨシやアベナなど単子葉植物の茎は幼葉鞘といい、ヒマワリやダイコンなど双子葉植物のそれは胚軸といいますが、本章ではいずれも芽生えと呼ぶことにします）に横から光を照射すると光側に屈曲するのに対して、先端を数mm切除した場合は屈曲しないことを明らかにしました。さらにカナリアクサヨシの他にアベナなどの芽生えを用いて、芽生えの先端部に不透明な帽子をかぶせ、芽生えの先端部に光が当た

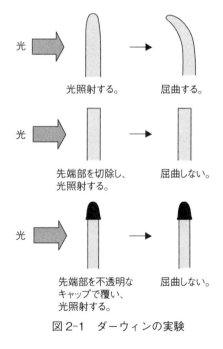

図 2-1　ダーウィンの実験

らないようにすると、光を横から照射しても屈曲しなかったことから、「光を感受する部位は芽生えの先端部に限られ、そこからある種の刺激因子が下方の屈曲部に伝えられた結果、屈曲する」と解釈したと、生物の教科書に記載されています。

1） ダーウィンの実験の検証

生物の教科書ではまったく記載されていませんが、ダーウィンの実験はすでにいくつかの研究グループによって検証されています。イギリスのフランセン（Franssen）ら（1981年、1982年）はアベナ、クレスやキュウリの芽生えの先端部を切除したり、不透明な帽子で覆ったりしても光屈性が起こることや、屈曲する部位（下部）に光が当たらないと光屈性は起こらないことを発表しています。筆者らもダイコン（野口－加藤：1992年）やアベナ（長谷川剛：2002年、写真2-2）の芽生えを用いて同様な結果を得ています。これらの研究結果は明確にダーウィンの実験を否定するものです。なお、この実験は高校・生物の先生や生徒によっても検証され、ダーウィンの実験は再現されないことが明らかにされています。

2） ダーウィンの実験は彼の著書ではどう記載されているのか？

ダーウィンの著書 "The power of movement in plants" を精読すると驚いたことにダーウィンはカナリアクサヨシの先端部を切除した実験で「先端部

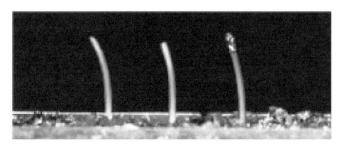

写真 2-2　ダーウィンの実験の検証
左：アベナ芽生え、中：アベナ芽生えの先端3mmを切りとったもの、右：アベナ芽生えの先端（3mm）に光を通さないアルミホイルのキャップをかぶせたもの。光は左方向から与え、60分後に撮影しました。いずれも光方向に屈曲しました。

2.5 〜 4.1mm を切除した場合は屈曲しなかったが、1.27mm を切除した場合には程度は少し弱いが屈曲した」とあり、高校・生物の教科書に記載されている「先端部を切除するとまったく屈曲しなくなる」とはいっていません。先端部に光を通さない帽子をかぶせた実験も同様です。カナリアクサヨシ芽生え全長の 30％ほどの“長い”帽子をかぶせた実験で光方向に屈曲したものが半数近くあったことが記載されています。アスパラガスやキンポウゲなどの芽生えの先端部に不透明な帽子をかぶせても光方向に屈曲したことや、現在でも光屈性の研究に汎用されているアベナ芽生えの実験では先端部に不透明な帽子をかぶせても屈曲する芽生えが多かったことから「アベナは光を感受する部分が広い範囲にわたっているためであろう」と述べています。つまり、光屈性において一方向からの光を感受する部位は先端部に限らず、屈曲部を含め、芽生えの広い範囲にわたっていることが明らかで、生物の教科書に記載されている図や解釈はダーウィン自身が著書の中でいっていることを飛び越えて、創作されたものであることがわかりました。

（2）ボイセン・イェンセンらの実験

　ボイセン・イェンセンはアベナ芽生えを用いて光屈性に関する現象面からの実験を 1910 年から 1936 年まで数多く行っていますが、その中で最も重要な実験は Nielsen と一緒の実験（1925 年）です。彼らはアベナ芽生えの先端部内における刺激因子（ダーウィンの著書の中で記載）の移動を調べるために、芽生えの先端部に（物質を通さない）雲母片を差し込んだ後に光照射し、屈曲の有無を観察しました。すると、光の向きと平行に差し込んだ場合は屈曲しましたが、光側から影側への物質の移動が妨害されるような向き（垂直）に差し込んだ場合は屈曲しなかったことから、「何らかの刺激因子（後のオーキシン）が先端部で光側から影側組織へ横移動することによって光屈性が起こる」と解釈したと、教科書に記載されています（図 2-2）。

　ボイセン・イェンセンらの実験の検証

　筆者の研究室（筑波大学）の大学院生の中野（本書、第 5 章の執筆者）によってボイセン・イェンセンらの古典的実験が検証されました（2000 年）。こ

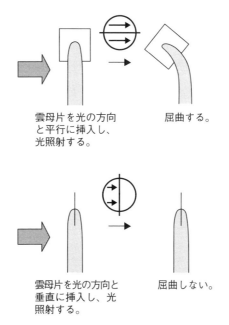

雲母片を光の方向　　　屈曲する。
と平行に挿入し、
光照射する。

雲母片を光の方向と　　屈曲しない。
垂直に挿入し、光
照射する。

図2-2　ボイセン・イェンセンらの実験

の検証実験のきっかけになったのは、筆者が鹿児島大学に奉職していた頃、全国各地の高校・生物の先生方から「生徒に見せるためにボイセン・イェンセンらの実験を行ったところ、雲母片に対して平行あるいは垂直に光を照射してもいずれも光方向に屈曲し、教科書のようにはいきません。実験方法に問題があるのでしょうか？」といった手紙が多数筆者のところに送られてきており、いつか検証してみたいと思っていました。

　中野はボイセン・イェンセンらが用いた実験材料と同じアベナ芽生えを用い、鋭利なカミソリを用い、すばやく芽生えの先端から真ん中に切れ込みを入れ、そこに雲母片を差し込み、雲母片に垂直あるいは平行に光を横方向から照射しました。その結果、いずれの場合も光方向に屈曲したのです。何度、実験を行っても同じ結果が得られたので、ボイセン・イェンセンらの論文（ドイツ語、1925年）を精読しました。

　驚いたことに彼らの実験では雲母片の差し込みによって芽生えの先端部が

外側に反り返っているではありませんか。そこで、中野は先端部が反り返る
ように、乱暴に雲母片を芽生えの先端部に差し込み、雲母片に垂直に横方向か
ら光照射すると、ボイセン・イェンセンらの実験結果と同様に芽生えの先端部
は外側に反り返り、屈曲しませんでした。つまり、光側と影側組織で一つの面
が確保されていれば屈曲し、先端部が光側と影側組織でそれぞれ外側に反り返
り、面が崩れている場合は屈曲しないということです（図2-3）。何と、ボイ
セン・イェンセンらの実験技法そのものに問題があったということです。前述
の高校・生物の先生方のデモ実験は正しかったということです。ちなみに、こ

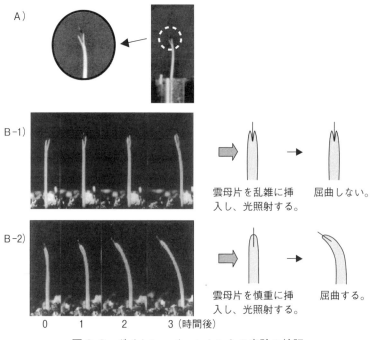

図2-3　ボイセン・イェンセンらの実験の検証
写真は、光源に対して雲母片を垂直に挿入したものに対し、左方向から
光照射して屈曲の様子を撮影したもの。A）ボイセン・イェンセンらの
論文より。3時間後に撮影。B）光照射の0、1、2、3時間後に撮影。B-1)
ボイセン・イェンセンらの実験を完全に再現するため、雲母片を乱雑に
挿入したもの。B-2）雲母片を慎重に挿入したもの。

の実験も高校の先生方だけでなく、生徒によっても検証され、中野の実験結果が再現されています。

　つまり、芽生え先端部の光側と影側組織間で刺激因子（後のオーキシン）が横移動できなくても、光方向へ屈曲することが明らかになったということです。

　これまで述べてきたように、ダーウィンの実験やボイセン・イェンセンらの実験は植物全般には当てはまらないことや実験技法に問題があり、いずれの実験の解釈も事実に即していないことが明らかになりました。

（3）　ウェントの実験

　ウェントは1928年アベナ芽生えの先端部から拡散してくる物質を寒天片に集め、その寒天片を先端部を切除したアベナ芽生えの片側に載せて、しばらくの間暗所でおいたところ、載せた側と反対方向に屈曲することを見いだしました。この生物検定法はアベナ屈曲試験といわれています。

　彼はまた、図2-4のような実験を行いました。「アベナ芽生えに片側から光照射し、先端部を切り取り、雲母片で仕切った寒天片の上に光側と影側組織に分かれるように差し込み、しばらくの間暗所に置いた後、この光側と影側の寒天片をそれぞれアベナ屈曲試験にかけたところ、影側の方が光側より大きな屈曲を示したことから、成長を促進する物質（屈曲を引き起こす物質、後のオーキシン）が光側から影側組織に横移動し、それが下部の屈曲部に移動することによって、影側組織の成長が促進されて光方向へ屈曲する」と解釈しました。

（4）　植物ホルモン・オーキシンの発見

　この"成長促進物質"とは何か、という疑問を解決したのが、ウェントと同じオランダのユトレヒト大学にいた化学者のケーグルでした。ウェント自身は生物学者ですので、植物から化学物質を取り出す技術もなければ、ましてや化学構造を決定する知識もなかったことから、ケーグルがそばにいたということはウェントにとってとてもラッキーであったと思います。ケーグルらは妊婦の尿から女性ホルモンを取り出そうとしていたのではないかといわれていますが、おそらくあまり成果があがっていなかったと推察されます（ちなみに数年

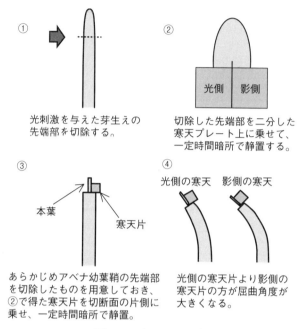

図2-4　ウェントの実験

前、日本の研究者によって妊娠した馬の尿から女性ホルモンが発見されたというニュースがありました）。たまたま、同じ大学にいたウェントの研究に興味を示し、それまで苦心して集めた大量の人尿の濃縮物を精製し、アベナ屈曲試験にかけたのではないかと思います。ねらい通り、アベナ屈曲試験で活性を示す物質を取り出し、オーキシン（auxin：ギリシャ語の auxein（＝increase）にちなんで）と命名し（1931年）、取り出した4種類のオーキシン（オーキシンaとb、オーキシンaのラクトン、ヘテロオーキシンと命名）の化学構造を決定しました（1934年）。これらの物質はその後、人尿だけでなく、植物にも含まれていることが明らかにされました。これが植物ホルモン・オーキシンの誕生の経緯です。

　さらに、ケーグルらは1935年にこれら4つの物質について、アベナ屈曲試験を用いて成長促進活性を比較したところ、オーキシンaとオーキシンbの活性を100とすると、オーキシンaラクトンは70であり、ヘテロオーキシン

の 活性は最も低く 50 であったと発表しています。なお、ヘテロオーキシンはインドール酢酸であり、すでに 1885 年 Salkowski によって人尿から発見され、1925 年には日本の化学者の真島と星野によって合成されていた既知物質でした。巻末［→ pp.193 ～ 194］にケーグルらが発表した 4 種類のオーキシンの化学構造を掲載していますが、当時ケーグルやウェントはそもそも本命はオーキシン a や b（オーキシン活性が高く、新物質である）であり、インドール酢酸（活性が低く、新物質でない）の化学構造式上ではなく、オーキシン a と b とは異なる（ヘテロ）物質ということから、ヘテロオーキシンと命名したのではないかと推察されます。

　ところが、ケーグルの没後、ケーグルの弟子によって 30 年余りも実験室の薬品棚に保管されていた 4 種類の化学構造が検証されたところ、ヘテロオーキシン以外はまったく違う化学構造であり、成長促進活性もまったくないことから、ヘテロオーキシン（インドール酢酸）のみがオーキシンであると結論付けられました（1966 年）。前述の 1935 年に発表されたケーグルらの論文を踏まえれば、オーキシン a や b は実在し、強い活性を有していたものの、それらの化学構造の解析が間違っていた可能性が考えられますが……。

（5）　コロドニー・ウェント説の提唱

　オランダからアメリカに渡ったウェントは一方向からの光照射によって、芽生えの先端部においてオーキシンが光側から影側へと横移動し、さらに下部の屈曲部に移動することによって影側組織のオーキシン量が増加し、影側組織の成長が促進された結果、光方向に屈曲する」と解釈しました。同様な解釈は、重力屈性（第 3 章を参照してください）にも当てはまることが、すでにロシアのコロドニー（Cholodny、1927 年）によって示されていたことから、光屈性と重力屈性はいずれもオーキシンの偏差分布によって引き起こされるという Cholodny-Went theory（コロドニー・ウェント説、図 2-5）を提唱しました（1937 年）。

　以降、光屈性を説明する唯一の説として、コロドニー・ウェント説が定理であるかのように、広く、世界の生物学者によって信じられてきました。

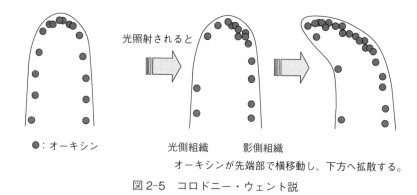

●：オーキシン　　　　光側組織　　　　影側組織

オーキシンが先端部で横移動し、下方へ拡散する。

図2-5　コロドニー・ウェント説

4. ブルインスマ・長谷川説

　1975年に世界の生物学者、とくに植物生理学者に大きな衝撃が走りました。オランダのブルインスマらによって、それまでまったく疑いもなく広く信じられ、読者の皆さんがかつて学んだ高校・生物の教科書にも"光屈性"を説明する唯一の説として記載されていた"コロドニー・ウェント説"に疑問を呈する論文が発表されたからです。それ以来、コロドニー・ウェント説と新たな説"ブルインスマ・長谷川説"の提唱者との間で"論争"が繰り広げられてきました。

　しかし、現実は"コロドニー・ウェント説"のみが高校・生物の教科書に記載されていることから、読者の皆さんは"ブルインスマ・長谷川説"の存在すら知らない方が多いと思います。そこで、本章ではそれぞれの説の違いを解説し、何が問題なのか、研究はどうあるべきか、研究者はどう振る舞うべきかなど、読者の皆さんと一緒に考えていきたいと思います。

（1）ブルインスマらの実験

　ブルインスマは、コロドニー・ウェント説の基盤となるウェントの実験はアベナ屈曲試験という生物検定法（オーキシンの活性を調べる方法）を用いてオーキシン量を算出していることに疑念を抱いていました。もし、オーキシン

だけを生物検定法にかけているのであれば問題はないが、ウェントはアベナの芽生えの先端部から寒天片に拡散してきた物質を精製せずに、直接生物検定法にかけています。拡散物にはオーキシンの他にオーキシンの活性を抑制する物質が混在していることがわかっているので、生物検定法で測定される活性はオーキシンとオーキシン活性抑制物質との総和によるもので、決してオーキシンだけの量を示すことにはなりません。ブルインスマらは、サンプルを精製し、オーキシンだけを測定する分析技術の開発が必要であると考えました。彼らは1975年、世界に先駆けて、植物中にごく微量にしか存在しないオーキシン（インドール酢酸）量をHPLC（高速液体クロマトグラフィー：サンプルに含まれるさまざまな物質を迅速かつ同時に分離・精製し、それらの定性・定量が可能で、高精度の装置により構成されるため分析値の再現性にも優れている）で分離・精製した後に、機器分析（インドロ－α－パイロン法：インドール酢酸を強い蛍光を発するインドロ－α－パイロンという物質に変えてその蛍光を測定する方法）によって測定する方法を考案し、ヒマワリ芽生えの光屈性に伴うインドール酢酸量の分布を測定しました。その結果、驚いたことにインドール酢酸（オーキシン）量は光側と影側組織でまったく均等に分布していることが明らかになりました（表2-2）。つまり、ブルインスマがウェントの実験に疑念を抱いていたことが正しかったということです。

この論文は、それまで信じられてきたコロドニー・ウェント説に真っ向から衝突するものです。彼らは同時に、光屈性は光側組織で生成される成長抑制物質（未知）によって光側組織の成長が抑制され、光側に屈曲すると考えました。

なお、筆者らもアベナ、ダイコン、トウモロコシやエンドウの芽生えを用

表2-2　光屈性に伴うオーキシンの分析

	オーキシン量 (ng/gFW)		屈曲角度	実験植物数
	光側組織	影側組織		
実験1	53.7 ± 4.2	48.8 ± 3.3	21	44
実験2	63.2 ± 3.0	61.5 ± 2.8	23	45

いて、光屈性に伴うオーキシン量を機器分析で測定したところ、オーキシンは光側と影側組織で均等に分布することを明らかにしました（1988年〜1992年）。

　ブルインスマらが光屈性刺激を与えたヒマワリ芽生えを光側と影側組織に二分してそれぞれに含まれるオーキシン量を機器分析で測定したことに対して、コロドニー・ウェント説を支持する MacDonald と Hart が「オーキシンは光側から影側組織に横移動するのではなく、光側組織ではオーキシンに感受性の高い表皮組織から低い内部組織に、影側組織では内部組織から表皮組織に部分的に移動することから、表皮組織に含まれるオーキシン量の偏差分布（光側＜影側）が重要であるという"コロドニー・ウェント説の修正説"」を提唱しました（1987年）。この論文に対して、1988年ドイツのウェイラー（Weiler）らは自らが開発した免疫学的手法を用いて、ヒマワリ芽生えの光屈性に伴う表皮組織と内部組織におけるオーキシン量を測定した結果、オーキシンは光側と影側組織で均等に分布していることを明らかにし、彼らの仮説を否定しました（表2-3）。

表2-3　ヒマワリ芽生えの光屈性に伴う表皮および内部組織における
　　　　オーキシン量の分布　（光照射開始後60分）

	オーキシン量（pmol/gFW）	
	表皮組織	内部組織
暗所対照	2144±107	577±69
光側組織	2258±118	626±50
影側組織	2060±100	508±65

（2）　ウェントの古典的な実験の検証

　前出のチマンからブルインスマに「コロドニー・ウェント説は芽生えの中で移動する拡散性のインドール酢酸の挙動をみているのである。君ら（ブルインスマや筆者ら）の論文で扱っているのは抽出性（組織に留まっている）インドール酢酸であり、コロドニー・ウェント説は覆されない」という手紙が送られてきました。

　そこで筆者らは、ウェントが1928年に行った実験を再試することにしました（1989年）。アベナ芽生えの先端を用いて光屈性刺激を行い、光・影側から寒天片に拡散してきたものをウェントと同じようにアベナ屈曲試験に供し、屈曲の度合いからインドール酢酸量を算出しました。表2-4に示されるように影側で光側の約2倍のインドール酢酸量が算出されました。この結果はウェントの実験結果と同じでした。ところが機器分析でインドール酢酸のみの量を測定したところ、光・影側で均等に分布し、その量は生物検定法から算出されたインドール酢酸量より多いこともわかりました。つまり、予想されたように、拡散物にはインドール酢酸のほかにインドール酢酸の活性を抑制する物質が光側組織で多く含まれていることが明らかになったのです。

　同じような実験が東郷ら（1991年）によって、トウモロコシ芽生えを用いて行われています。光屈性刺激開始後50分における光側と影側のオーキシン量を機器分析とアベナ屈曲試験で調べ、オーキシン量は光・影側で均等に分布し、光側でオーキシン活性抑制物質が生成することが明らかにされています。

　ブルインスマがウェントに「アベナ芽生えを用いてウェントの実験を再試した結果、拡散性のインドール酢酸量は光・影側で均等に分布する」という論文を送ったところ、世界中の植物生理学者が知ったらびっくり仰天するような手紙がブルインスマと筆者に送られてきたのです。「我々が扱ったオーキ

表2-4　光屈性に伴うオーキシン（インドール酢酸）の分布

| | | 光側 | 影側 | 暗所対照 | |
				左側	右側
生物検定法	ウェントの実験（1928年）	27%	57%	50%	50%
	長谷川らの実験（1989年）	21%	54%	50%	50%
機器分析法	長谷川らの実験（1989年）	51%	49%	50%	50%

シンはインドール酢酸ではない。インドール酢酸はそもそもオーキシンではなく、オーキシンaが本当のオーキシンであるので、君らがインドール酢酸を定量し、光・影側で均等に分布していると主張しても、我々の説（コロドニー・ウェント説）は覆ることにはならない」と書いてありました。前述のように、オーキシンaは存在せず、インドール酢酸だけがオーキシンであることは当のウェントをはじめ、世界の植物生理学者が一致して認めてきたことです。あくまでも自説を曲げない、学者としての意地が感じられますが……。

（3） 光屈性を制御する成長抑制物質の探索研究

　ブルインスマは世界的に著名な植物生理学者、生化学者や分子生物学者を多数かかえていましたが、植物から化学物質を取り出したり、その化学構造を決定したりすることができなかったことから、筆者に「光屈性を制御する成長抑制物質の探索研究プロジェクト」への招聘がありました。というのは、筆者は東北大学大学院博士課程を修了（理学博士）後、最初の赴任地・鹿児島大学（後、筑波大学に転出）で鹿児島特産の桜島ダイコンの肥大化ホルモンや茶樹の休眠物質の探索研究と共に、桜島ダイコンやエンドウの芽生えを用いて、上方からの光照射によって生成される成長抑制物質の探索研究を下記の学生たちと一緒に、時には研究室に泊まり込んで実験をしていました。その結果、ダイコン芽生えから新規・成長抑制物質（ラファヌソール（宮本：1980年、第3章の執筆者）とラファヌサニン（椎原：1982年））を、エンドウ芽生えから新規・成長抑制物質（ピスミン（是枝：1983年））を取り出し、それらの化学構造を明らかにし、国際学会誌に発表していました。それらの論文をブルインスマらが読んでいたということです。

　オランダへの留学（Wageningen University の Senior research fellow として）にあたって、光屈性に関する研究は初めてでしたので、多少の不安がありましたが、従来まったく疑いもなく信じられてきたコロドニー・ウェント説を覆すことになるかもしれない歴史に残る重大な研究に参加できるという喜びと興奮を覚えて渡欧したことが昨日のように思い出されます。

1） ヒマワリ芽生えの光屈性制御物質の探索

　オランダでは、幸運にも一カ月ほどで光照射した大量のヒマワリ芽生えから光照射によって増量する成長抑制物質を取り出し、種々の物理化学的手法で分析した結果、ナイロンの前駆物質として知られていたカプロラクタムという物質であることを明らかにしました（1983年）。カプロラクタムが植物から発見されたのは初めてのことでした。

　1983年、帰国を前にブルインスマのスタッフ三十数名によって、盛大な送別会を開いていただきましたが、その席上でブルインスマから「コージ（筆者のファーストネーム）、日本に帰っても、光屈性の研究を続けてもらいたい」と言われました。なお、ブルインスマとの出会いは『動く植物 ― その謎解き ―』（大学教育出版 2002年）にブルインスマ名誉教授に "The origin of the present research on phototropism"（pp.28-34）というタイトルで寄稿いただき、pp.32 ～ 34 で紹介されています。興味のある方は英語の勉強がてらお読みください。

写真 2-3　国際学会で来日されたブルインスマ名誉教授と筆者
二十数年前、浅草雷門前で。

2） "光屈性の仕組み" に関する国際共同研究プロジェクト

　ブルインスマの要望に応えるべく、帰国後、筆者は光屈性刺激によって光側組織で生成される成長抑制物質の本体の解明や光側組織の成長をどのような仕組みで抑制するのかなどを解明すべく、筆者の研究室のスタッフはもちろん、国外ではオランダのブルインスマと Dr.Knegt、イギリスの Prof.Firn と Dr.Franssen、ドイツの Prof.Weiler、アメリカの Prof.Chilton、国内では世界的に著名な天然物化学者（鹿児島大学の長谷教授ら、慶応大学の山村教授（第4章執筆）ら、東北大学の原田教授ら、筑波大学の繁森教授ら）、植物生理学者（大阪府立大学の上田教授（第6章執筆）と宮本教授（第3章執筆））、

農芸化学者（北海道大学の水谷教授、筑波大学の石塚教授ら）や分子生物学者（理化学研究所の松井博士）からなる広範な国際共同研究体制で、先入観を持たずに果敢にチャレンジしてきました。

（4）　国際共同研究プロジェクトによって得られた研究成果
1）　ダイコン芽生えの光屈性制御物質
①　光屈性制御物質の探索

　ダイコン芽生えの光屈性制御物質の探索にあたって、筆者らは独自の実験方法を駆使して行いました。光屈性刺激を与え、光方向へ屈曲しつつあるダイコン芽生え数千本を暗室で、植物の成長にほとんど影響を与えない薄暗い緑色光の下、光側組織と影側組織にカミソリで二分し、それぞれを有機溶媒で抽出しました。光側と影側組織の抽出物をそれぞれカラムクロマトグラフィー（抽出物に含まれている多数の物質を化学的性質の違いなどから大まかに分離する実験方法）を用いて多数の画分に分け、各画分の一定量をダイコン芽生え成長試験に供したところ、光側組織の抽出物の中で、影側組織の抽出物より成長抑制活性の強い画分がいくつか存在することを確認しました。これらの物質は植物に微量にしか含まれていないので、成長抑制物質の単離（単一物質として取り出す）にあたって、光照射した芽生えを数kg集め、予備実験の結果を参考にして目的の成長抑制物質を種々の精製方法を駆使して単離し、各種スペクトル解析（NMRやMSなど）から化学構造を決定しました（1986年）。この物質は1982年に筆者らがダイコン芽生えの光誘導性成長抑制物質として単離したラファヌサニン［→ p.193］であることがわかりました。なお、ラファヌサニンの正式な化学構造は原田研究グループ（1991年）と山村研究グループ（1993年）によって決定されました。

　この物質をラノリンペーストにまぶして芽生えの片側に投与したところ、暗所でも30分で投与側に屈曲させることができました。これらの実験から、ラファヌサニンがダイコン芽生えの光屈性制御物質であることが強く示唆されました（野口、吉森、松岡、山藤、迫田、長谷川剛：1986年〜2003年）。

② ラファヌサニンが光側組織でつくられるプロセス

ダイコン芽生えに横から青色光を照射すると、光側組織において照射後 10分から 30 分にかけて加水分解酵素ミロシナーゼの活性化が誘導され、そのミロシナーゼによって 30 分頃から、もともと芽生えに含まれていた 4- メチルチオ -3- ブテニルグルコシノレート（4-MTBG：配糖体、成長抑制活性はない）からグルコースが切り離され、30 分から 60 分にかけて成長抑制活性を示す 4– メチルチオ -3- ブテニルイソチオシアネート（4-MTBI）［→ p.193］が生成され、さらにその一部が強力な成長抑制活性を示すラファヌサニンに変化することがわかりました。一方、影側組織および暗所対照ではミロシナーゼの活性化は起こらず、したがって 4-MTBI やラファヌサニンは生成されないこともわかりました。なお、60 分から 120 分にかけて、4-MTBI とラファヌサニンが減少し始め、逆に 4-MTBG が増量し始め、光照射する以前の状態に戻りつつあることもわかりました（図 2-6、長谷川剛ら：2000 年、山田ら：2003 年）。

③ ラファヌサニンの作用機構

石塚研究グループの迫田によって、ラファヌサニンがオーキシンによって誘導される細胞壁・微小管の配向変化（細胞を縦方向に成長させる）を抑制することが免疫蛍光顕微法で明らかにされました（1992 年）。また、横方向から光を照射すると、光照射開始後 30 分で光側組織で H_2O_2 産生促進とリグニン（組織を強固にする）の蓄積が起こり、細胞の機械強度が高まり、細胞伸長が抑制されることが細胞顕微法によって明らかにされました。さらに、ラファヌサニンを芽生えの片側組織に投与すると 30 分後に投与側組織で H_2O_2 とリグニンの蓄積が起こることも明らかにされました（山田ら：2012 年）。

2） ヒマワリ芽生えの光屈性制御物質

筆者がオランダで発見したカプロラクタムに加えて、8- エピキサンタチン（横谷 - 富田、加藤：1999 年）とヘリアン（繁森、長谷川剛：2007 年）が光屈性制御物質として単離・同定され、これらの物質は光屈性刺激によって光側組織で 20 〜 40 分で生成し、さらに片側投与によって芽生えを投与側に屈曲させることもわかりました。

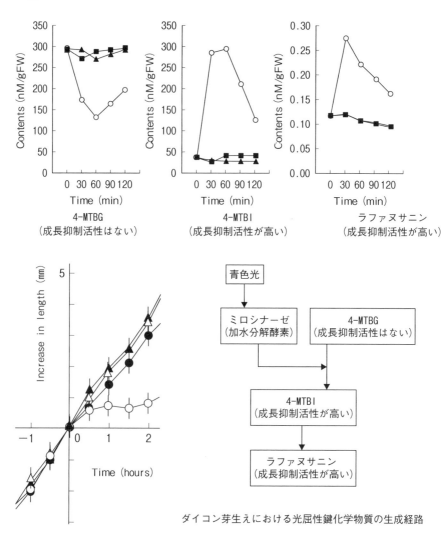

図2-6　光屈性に伴う4-MTBG、4-MTBI、ラファヌサニン量の経時的変化
　　　○：光側組織、●,■：影側組織、▲,△：暗所対照

3）　アベナ芽生えの光屈性制御物質

　アベナ芽生えの先端部から寒天片に拡散してくる物質の中で、光側組織で増量する成長抑制物質を光照射した大量のアベナ芽生えの抽出物から単離しました。種々のスペクトル解析からウリジン［→ p.193］であることがわかりました。ウリジンを芽生えの片側に投与した場合、30分で投与側に屈曲したことから、ウリジンがアベナ芽生えの光屈性制御物質であることがわかりました（長谷川剛ら：2001年、Tamimiら（ヨルダン）：2004年）。なお、ウリジンは遺伝子 RNA の構成物質（ヌクレオシド）の一つですが、ウリジンが植物の成長を抑制する活性をもつことは初めての知見です。

4）　トウモロコシ芽生えの光屈性制御物質

　トウモロコシ芽生えの光屈性制御物質として 6-メトキシ -2- ベンゾキサゾリノン（MBOA）［→ p.193］と 2, 4- ジヒドロキシ -7- メトキシ -1, 4- ベンゾキサジン -3- オン（DIMBOA）［→ p.193］（東郷：1992年、繁森と長谷川剛：2004年、山田と Jabeen：2007年）が単離・同定され、これらの物質が光屈性刺激によって光側組織で 30 分から 60 分にかけて増量し、さらに片側投与によって芽生えを投与側に屈曲させることもわかりました。なお、60 分から DIMBOA が、90 分から MBOA が減少し始め、これらの前駆物質 DIMBOA- グルコシドが増量することもわかりました。また、DIMBOA の生成能を欠くトウモロコシの突然変異株の芽生えに横から青色光を照射しても、DIMBOA がつくられないので屈曲しませんが、突然変異株の片側に MBOA を投与したところ、投与側組織の成長が抑制され、投与側に屈曲したことから、DIMBOA や MBOA の生成能の有無がキーになっていることが示唆されました（横谷 - 富田ら：1998年）。

　また、MBOA がオーキシン結合タンパク質 ABP1 へのオーキシンの結合を抑制すること（石塚研究グループの星 - 迫田ら：1994年）や、オーキシン処理によって短時間で誘導される *SAUR* 遺伝子の発現を抑制すること（穴井ら：1998年）が明らかにされています。一方、山田ら（2012年）によって横方向からの青色光照射によって光側組織で、また、DIMBOA を片側組織に投与すると投与側組織で H_2O_2 の産生とリグニンの蓄積が起こることも細胞顕微法で

明らかにされています。

5） シロイヌナズナ芽生えの光屈性制御物質

　シロイヌナズナ芽生えの光屈性制御物質の探索方法は前述のダイコンやトウモロコシと異なります。その芽生えの太さが1mm程度であり、光側と影側組織に二分することは困難だからです。そこで、シロイヌナズナの野生株と光屈性を示さない突然変異株に青色光を一方向から照射し、60分後、それらの芽生えを抽出し、HPLCで分析したところ、光照射によって野生株では増量しますが、突然変異株では増量しないピークを検出しました。次に、青色光照射した大量の野生株芽生えを有機溶媒で抽出し、抽出物をHPLCに供し、光照射で増量する物質を単一物質として取り出すことに成功しました。種々のスペクトル解析からインドール-3-アセトニトリルであることがわかりました。さらにこの物質はシロイヌナズナの芽生えの成長を抑制し、片側投与で投与側に屈曲させたことから、シロイヌナズナ芽生えの光屈性に関与することがわかりました（長谷川剛ら：2004年）。なお、この物質はシロイヌナズナと同じアブラナ科のキャベツ芽生えの光屈性制御物質として山村研究グループの小瀬村によって発見されています（1997年）。

（5） ブルインスマ・長谷川説の提唱

　ここで、コロドニー・ウェント説と1975年以降の国際共同研究によって得られた研究成果を比較したいと思います。

　コロドニー・ウェント説は「芽生えに横方向から光（青色光）が照射されると、①芽生えの先端部が光を感受して、②先端部の光側組織から影側組織にオーキシンが横移動し、そのまま下部の屈曲部に移動する。③屈曲部の影側組織におけるオーキシン量が増加し（前述のように問題点の多い生物検定法によって測定）、④影側組織の成長が促進されて、光方向に屈曲する」という説です。

　これに対して、1975年からの国際共同研究によって「①光を感受する部位は芽生えの先端部だけでなく、広い範囲に分布する。②芽生えの先端部でオーキシンの横移動が妨害されても光屈性は起こる。③屈曲途上にある芽生え（光

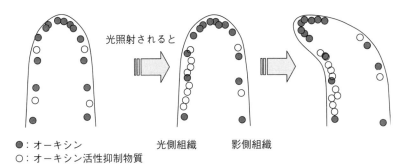

●：オーキシン
○：オーキシン活性抑制物質

光側組織　　影側組織

成長抑制物質（オーキシン活性抑制物質）が光照射された場所で生成される。
オーキシンは横移動しない。

図 2-7　ブルインスマ・長谷川説

照射 60 分ほど）の光側と影側組織に含まれるオーキシン量を精密な機器分析で測定した結果、オーキシン量は光側と影側組織で均等に分布していることが判明。④光屈性は光側組織の成長抑制（停止）によって起こる（影側組織の成長は暗所対照と変わらない）。⑤横方向からの青色光照射によってオーキシン活性を抑制する成長抑制物質（青色（ストレス）光に対する防御体勢を構築する）が光側組織で光照射開始後 30 分から生成すること（影側組織と暗所対照では変化がない）によって、光側組織の成長が抑制されて、光方向に屈曲することを明らかにし、光屈性はコロドニー・ウェント説では説明できない」として、"Bruinsma-Hasegawa theory（ブルインスマ・長谷川説）" が 1990 年に提唱されました（図 2-7）。

（6）　コロドニー・ウェント説を支持する近年の分子遺伝学的研究

　生物の教科書でオーキシンの極性移動（先端部から基部へ）は細胞内にオーキシンを取り込む AUX1 タンパク質と排出する PIN3 タンパク質によって調節されることが記載されています。このうち、PIN3 タンパク質の細胞内の分布が一方向からの青色光照射によって光側組織で変化し、その結果、先端部でオーキシンが光側から影側組織に横移動し、そのままの濃度差で屈曲部に移動することによって、影側組織の成長が促進されて光方向に屈曲するとして、光

屈性はコロドニー・ウェント説で説明されると記載されています。この解釈の
もとになっているベルギーのFrimlらの研究論文（2011年）を紹介します。
光照射開始後0時間から12時間のシロイヌナズナの野生株と突然変異株（光
屈性を示さない）を用いて、PIN3の細胞内における分布変化を可視化実験
（蛍光分析）で調べ、光照射開始後1時間から光側組織の細胞の光側面（と底
面）にあったPIN3が減少し始め、4時間、12時間でさらに減少することを明
らかにしています。同時に、彼らは論文の中で、C.A.Esmonらの論文（光照
射開始後2時間で光側と影側組織におけるオーキシンの偏差分布が生じ、光方
向に屈曲する。2006年）を引用し、PIN3の分布変化のタイミングがオーキシ
ンの偏差分布と合致するとして、コロドニー・ウェント説の正当性を主張して
います。

　しかし、このコロドニー・ウェント説を支持するFrimlら分子遺伝学者に
よる研究成果は皮肉なことに、オリジナルのコロドニー・ウェント説の問題点
を浮き彫りにする結果となりました。彼らの論文によれば、PIN3の分布変化
は一方向からの青色光照射開始後早くても1時間から始まり、2時間で影側組
織のオーキシン量が増加し、その結果、光方向に屈曲するといっていることで
す。

　筆者の研究室の大学院生（長谷川剛、2004年）が赤外線イメージングシス
テムを用いて、シロイヌナズナ（図2-8）をはじめ、ダイコン（図2-6）、ヒ
マワリ、アベナ、トウモロコシなどの芽生えの光側と影側組織および暗所対照
の成長をリアルタイムで精密かつ連続的に測定した結果、光側組織の成長が青
色光照射開始後30分から顕著に抑制（停止）されて（影側組織の成長は暗所
対照と変わらない）光方向への屈曲が開始することが明らかにされています。

　図2-8から明らかなように、PIN3の分布変化が始まる時間帯は、光方向へ
の屈曲が開始してから30分も後のことです。中島ら（2001年）によって、ラ
ファヌサニンやMBOAがオーキシンの活性だけでなく、極性移動も抑えるこ
とが報告されています。光側組織の細胞におけるPIN3の分布変化が、ラファ
ヌサニンなどの成長抑制物質によって誘導される可能性が示唆されます。

　ダーウィンの実験以来、紆余曲折がありましたが、"光屈性"の研究目的は

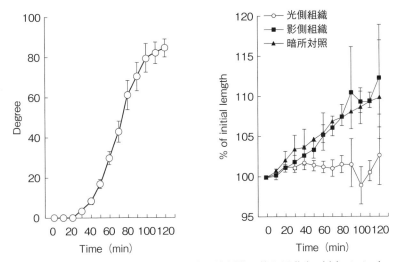

図 2-8　シロイヌナズナの芽生えの光屈性刺激に伴う屈曲角（左）および、
　　　　光側と影側組織と暗所対照の成長率（右）の経時的変化
　　　　光側組織の成長抑制のみが生じて屈曲することがわかります。

一貫して「光（青色光）が横方向から芽生えに照射されると、何のために、ど
のような仕組みによって芽生えが光方向に屈曲するのか？」を解明することで
した。すでに屈曲が起こった後のことは明らかに本筋から外れます。

　なお、一部の分子遺伝学者がコロドニー・ウェント説を支持する理由の一
つに、Pickard とチマン（1964 年）の実験（放射能でラベルしたインドール
酢酸をトウモロコシ芽生えの先端部に与え、光屈性に伴う光側と影側組織にお
ける放射能の分布を調べ、影側に光側の 2 倍以上の放射能が検出された）をあ
げていますが、Shen-Miller と Gordon ら（1966 年）をはじめ、多くの研究者
が精密な実験を行い、インドール酢酸そのものの放射能は光側と影側で差のな
いことが報告されています。

5. お わ り に

　青色光は人間にとって眼精疲労をはじめ、心身にストレスとして作用する といわれています。植物の場合も、青色光受容タンパク質（フォトトロピン） をもつ緑藻のミドリムシ（ユーグレナ）が強い青色光が照射されると光驚動反 応を起こし、青色光を避けるように水中を泳ぎ回ることが知られています。

　しかし、土壌に根を張っている高等植物はミドリムシのように逃げ回るこ とができないので、その場で一刻も早くストレス光に対抗しなければなりませ ん。そのために、まずオーキシンによって誘導されている“弱々しい成長（も やし）”にブレーキをかけ、ストレスに耐えられる強靭な体勢を構築しなけれ ばなりません。このブレーキ役が青色光照射によって光側組織で生成される成 長抑制物質です。オーキシンによって誘導される細胞壁・微小管の配向を横 向き（縦方向に成長）から縦向き（縦方向の成長が抑制される）に変化させた り、H_2O_2 の産生やリグニンの蓄積を引き起こしたり、植物の防御機構に関す る遺伝子の発現を誘導するなど、強固な体の構築と強い防御体勢を作り上げる のです。

　つまり、光屈性は、芽生えが横方向からのストレス（青色）光に対する“防 御体勢”を構築すべく、光側組織で植物種特異的な成長抑制物質（植物の防御 機構を制御する物質が植物によって異なることと通じる）が生成されることに よって光側組織の成長が抑制され、一方、影側組織は暗所対照と同じ成長を続 けることによって、光側と影側組織で成長の偏差が生じることで、光方向に屈 曲するということです。ところが、光照射開始後60分から90分にかけて、 光側組織の成長抑制物質の量が減少し始め、逆に成長抑制物質の前駆物質の量 が増加し、光照射前の状態に戻ることから、光側組織における成長抑制物質の 増量は一過性のものであることもわかりました。

　この成長抑制物質の増量が一過性であることの意味は、自然環境下で観察 される光屈性から読み取れます。早朝、太陽が東から昇る瞬間と夕方、西に沈 む瞬間です。芽生えは早朝、青色光を光側組織で感受して東方に屈曲します。

その後、屈曲によって生じる重力刺激と上方からの太陽光を受けて上方に向かい、夕方は早朝と逆の方向（西）に屈曲します（なお、夜間は重力刺激のみを受けて上方への成長が促進されます）。つまり、芽生えが光の方向の変化に対してすばやく応答するためには、成長抑制物質の動態は一過性でなければならないということです。一方、実験室では光は一方向だけから照射され、上方あるいは反対側からも照射されるといった自然環境下とは異なります。つまり、実験室で光を横から照射し、屈曲を始める頃から60分ぐらいまでが、自然環境下で見られる光屈性と重なるということです。

　これまで、光屈性の生物学的意味は「光合成のための光を葉で効率よく捕捉するために光方向に屈曲する」という能動的反応と考えられていますが、筆者はこれまでの研究成果から「芽生えが横から照射されるストレス（青色）光に対する防御体勢の構築のために、光側組織で成長抑制物質を生成し、光側組織の成長が抑制されて、結果として光方向に屈曲する」という、どちらかというと受動的反応であると考えています。

　最後に、コロドニー・ウェント説とブルインスマ・長谷川説の論争について、皆さんはどんな感想を持たれたでしょうか。

参考文献

山村庄亮・長谷川宏司編著『動く植物 ― その謎解き ―』大学教育出版、2002年、pp.40-71

長谷川宏司・広瀬克利編『最新　植物生理化学』大学教育出版、2011年、pp.51-84

繁森英幸「植物の屈性現象に関わる生理活性物質の機能解明」『第57回天然有機化合物討論会・講演要旨集』2015年9月

第3章
重力形態形成：重力を利用した植物のからだづくり

1. はじめに

　地球上では光の明るさや方向は刻々と変化しますが、重力の大きさと方向は一定です。植物はこの重力をからだづくり（重力形態形成）に利用しています。植物の代表的な重力形態形成である重力屈性が重力刺激による生長素（後のオーキシン）の不均等分布によるという考えを初めて提唱したのは、コロドニー（N. Cholodny）で1927年のことです。その後、チマンによるオーキシンに対する器官の反応性の違い、ウェントらによるオーキシンの発見に基づき、現在では「コロドニー・ウェント説：Cholodny-Went theory」（1937年）と呼ばれています。高等学校「生物」の教科書では、重力屈性は概して、「植物の芽生えを暗所で水平におくと、植物ホルモンのひとつであるオーキシンが下方向（重力方向）に移動して、茎でも根でも下側のオーキシン濃度が高くなる。成長に対するオーキシンの最適濃度が茎と根では異なり、茎では下側の成長が促進され上方に、根ではオーキシン濃度が高すぎて逆に下側の成長が抑制され下方に屈曲する」と説明されています。この説は今から80年以上前になされた生物検定法に基づく生理学的実験によるもので、現在では発達した機器分析や遺伝子レベルの解析などから否定的な考えもあります。本章では、宇宙無重力環境を利用した最近の重力植物科学の研究成果にも触れながら、重力形態形成について解説したいと思います。

2. 植物の重力屈性

　一般的に、植物の主茎は地面から離れる方向（重力と反対方向）に、主根は地面の方向（重力方向）に屈曲して伸長します（図3-1A）。これを正常重力屈性と呼び、重力方向を正、その反対方向を負として区別します。当初、フランク（A. B. Frank）によって屈地性（geotropism：geo＝地球、tropism＝屈性）と名付けられましたが（1868年）、重力に対する屈性ですので、現在では重力屈性（gravitropism：gravi＝重力）と呼んでいます。重力屈性には、主茎や主根から派生する側枝や側根のようにそれぞれ斜め上方向と下方向へと重力方向とある一定の角度を保って伸長する傾斜重力屈性や（図3-1B）、イチゴやシバなどの匍匐枝（匍匐茎／ランナー）のように主茎の伸長方向に対して横方向に派生し伸長していく側面（横）重力屈性もあります（図3-1C）。また、水面に浮いて生育するホテイアオイの花茎のように開花後に水面方向に屈曲して伸長して、やがて水没するものや（図3-1D）、ラッカセイのように開花前に自家受精し、数日経って子房柄（子房と花托の間の部分）が下方向に伸びて地中に潜り込んで結実するものもあります。これらは成長段階によって植物体地上部の重力屈性が負から正へと変わるもので、それぞれの植物が種の繁栄や生命維持のために長い進化の過程で獲得した形質と考えられます。

　最近、名古屋大学の森田（M. T. Morita）らは、機能が未解明な *LZY*（*LAZY1-like*）ファミリーと名付けられた遺伝子が欠損したシロイヌナズナ変異体では、主茎や主根の正常重力屈性の異常に加え、側枝が垂れ、側根が横方向に成長するという表現型を観察しています。"lazy" とは英語で怠惰の意ですが、植物学では "地を這う" とか "伏した" を意味します。*LZY* 遺伝子を重力感受細胞内で発現させると、いずれの器官も重力に応答した正常な角度をとります。傾斜・側面重力屈性がどのように重力を感じて成長方向を制御するのかはまだよくわかっていませんが、正常重力屈性と同じ重力情報の伝達機構が側枝・側根の成長方向の制御にも用いられていることを推察させます。この解析が傾斜重力屈性や側面重力屈性の仕組みの解明の手掛かりとなるかもしれません。

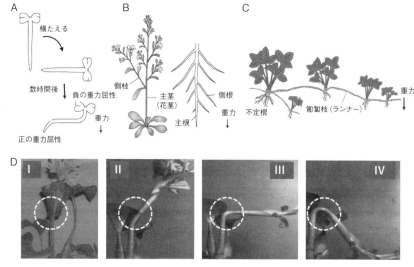

図 3-1　さまざまな重力屈性

A：正常重力屈性の模式図、B：傾斜重力屈性の模式図（例：シロイヌナズナの側枝と側根）、C：側面（横）重力屈性の模式図（例：イチゴの匍匐枝）、D：ホテイアオイ花茎の開花・受精後の正の重力屈性－開花・受精すると花茎上部が屈曲し始め、数時間後にはほぼ下側に屈曲します。

（幸路次郎博士より提供された写真を基に作図）

3. 植物の重力形態形成に関する研究の歴史

　重力形態形成の制御機構の研究の歴史を簡単に表3-1 にまとめておくこととし、まず、重力シグナルの伝達（感受・伝達・応答）の概念がもたらされた歴史を見てみましょう。

　ニュートンが万有引力の概念（1687 年）を提唱してから間もない 18 世紀初めにはすでに植物は重力を感じていると考えられるようになっていましたが、重力の大きさとその方向を感じていることは独創的な実験によって示されました。1806 年にナイト（T. A. Knight）は植物が重力（重力加速度）に応答するのであれば遠心力（遠心加速度）によってその応答が干渉されると仮説を立てて、水車を動力として円板が鉛直方向を軸にして回転する装置（遠心機）を

表 3-1　植物の重力形態形成に関する研究史

1806 年	ナイト	植物の器官が重力加速度に反応することの実験的証明
1868 年	フランク	屈地性という言葉を提唱すると共に、屈性が偏差成長によることを発見
1872 年	ツィーシールスキー	重力屈性におけるシグナル伝達機構に関する概念を確立
1880 年	ダーウィン	著書 "The Power of Movement in Plants"（植物の運動力）においてツィーシールスキーの実験結果を検証・支持
1882 年	ザックス	植物回転器（クリノスタット）を開発
1900 年	ハーバーラント、ネメーク	重力屈性を示す器官における沈降性アミロプラストを発見し、デンプン（アミロプラスト）平衡石説を提唱
1927 年	コロドニー	根の正の重力屈性の生長素による制御に関するコロドニー説を提唱
1928 年	ウェント	植物ホルモン・生長素（後のオーキシン）を発見
1929 年	ドルク	アベナ屈曲試験により重力刺激によるオーキシンの偏差分布を発見
1937 年	ウェントとチマン	コロドニー・ウェント説を提唱
1977 年	ピレー	重力屈性における植物ホルモンのひとつアブシシン酸の関与の説を提唱
1981 年		スペースシャトルの初飛行
1998 年	日本人研究者によるスペースシャトルを利用した STS-95 植物宇宙実験	
2000 年代	ブルインスマと長谷川	光屈性に関するブルインスマ・長谷川説（1990 年）を重力屈性においても適用
2008 年～	国際宇宙ステーション（ISS）の日本実験棟「きぼう」の運用開始と、これを利用した日本人の手による植物宇宙実験（2020 年までに 12 テーマを実施）	

作り、遠心機に取り付けた植物の茎が回転によって作出された遠心力と反対の方向に、根が遠心力の方向に曲がって伸びていくことを示しました（図 3-2A）。また、1882 年にザックス（J. von Sachs）は、植物体を緩やかに回転し続ければ植物は自身のどちら向きに重力がかかっているのかを識別できず重力屈性を示さないと考え、水平方向を軸に毎分 2 ～ 3 回転の緩やかな速度で回

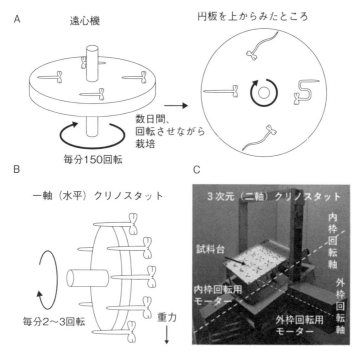

図3-2　植物が重力に反応することを証明する実験と使用された装置、および3次元クリノスタット

A：ナイトの実験の概念図：水車を動力とした回転装置の円板に取り付けた植物（ゴガツササゲ）は、どの方向に取り付けても根は回転軸から離れる方向（遠心力の方向）に、茎は回転軸に向かって成長しました。B：一軸（水平）クリノスタット実験の概念図：一軸（水平）クリノスタットに取り付けられた植物体は水平方向にまっすぐ伸び続けました。C：筆者らが宇宙環境模擬装置（擬似無重力環境作成装置）として利用している、2つの直交する回転軸をもち試料台に搭載した植物体を3次元的に緩やかに回転させることが可能な3次元クリノスタット。

転する装置（クリノスタット：植物回転器）を作製し、この装置に水平に取り付けられた植物体が水平方向にまっすぐ伸び続けることを示しました（図3-2B）。電気動力の無い時代に彼ら自らが作製した装置を用いて、植物が重力を感じて茎や根の伸長方向を決めていることを示した巧みな実験は、まさに「人間の知恵」があふれる実験といえるでしょう。

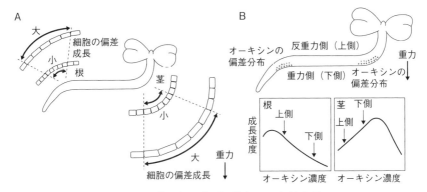

図 3-3　茎や根が曲がる仕組み－偏差成長

A：茎や根が曲がるときには、曲がる方向とは反対側の細胞の方がよく成長し、相対的に
成長速度の低い方へと曲がります。このような成長様式を偏差成長と呼びます。B：「コ
ロドニー・ウェント説」の概略：オーキシン濃度に対する茎と根の成長反応の違い－茎と
根では成長を促進するオーキシンの濃度が違っていて、茎の成長を促進する濃度では根の
成長は抑制されます。植物を横たえるとオーキシンが重力側に移動して蓄積し、茎では重
力側の成長が促進され上方向に、根では抑制され下方向に屈曲するという学説です。

　植物体を横たえた際に茎や根が示す屈曲が、横たえた器官の重力刺激を受
けた側（下側）とその反対側（上側）の成長速度の差（偏差成長）（図 3-3A）
によることは、1868 年、フランクによって観察されました。1872 年にツィー
シールスキー（T. Ciesielski）は、根の先端から一定間隔で印をつけて重力屈
性時の成長量を測定し、偏差成長による屈曲部位は先端から茎側に少し離れた
場所であること、また、根端（根冠）を切除して横たえても根は屈曲しません
が根冠が再生すると屈曲すること、さらに、しばらく水平に置いた後に根冠を
切除するとその後はどの方向に置いても始めの重力方向に屈曲することを見い
だしました（図 3-4）。彼は、重力感受部は根冠で、屈曲部はそれより茎側の
伸長部域であると結論しました。
　ところが、「植物生理学の父」とも称せられるザックスはツィーシールス
キーの実験を追試しましたが、結果を再現できませんでした。それに対し、進
化論で有名なダーウィン（C. Darwin）はツィーシールスキーの実験を丁寧に
追試すると共に数種の植物について緻密な実験を重ね、著書 "The Power of

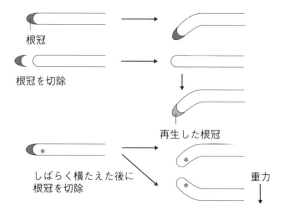

図 3-4　ツィーシールスキーの実験の概念図
根冠が付いたままの根を横たえると、根は重力方向に屈
曲します。根冠を切除すると根はまっすぐに伸長します
が、根冠が再生すると重力方向に屈曲します。しばらく
水平に置いた後に根冠を切除すると、どの方向において
も始めの重力方向に曲がります。図中＊は、始めの根の
向きを示す印です。

Movement in Plants"（1880 年）において、「いろいろな植物で幼根の先端だ
けが重力刺激を敏感に感じてその刺激を受け取ると、その隣の部分が曲がって
くる」と結論しています。おもしろいことにダーウィンの結論は後にザックス
の弟子、ペファー（W. Pfeffer）によって支持されています。

　ツィーシールスキーそしてダーウィンによって、重力屈性の過程が、重力感
受細胞での重力刺激の受容、重力刺激の化学的シグナルへの変換、細胞間の重
力刺激の伝達、偏差成長（屈曲）の素過程からなるという屈性機構のシグナル
伝達の考え方がもたらされたわけです。その後、ダーウィン父子（チャールズ
とその息子フランシス）による光屈性における光屈性刺激を担う "influence"
（影響）の伝播の概念、コロドニーによる生長素（後のオーキシン）の重力側
への偏差分布による屈性制御の学説、ウェントによるアベナ屈曲テストの開発
と光屈性に重要な役割を演じている物質の発見、ケーグル（F. Kögl）らによ
る植物ホルモン・オーキシンの発見、そしてウェントとチマンが提唱したオー
キシンを介した屈性制御機構の学説 "コロドニー・ウェント説"（図 3-3B）へ

とつながっていったと思われます。次に、重力シグナルの伝達を感受・細胞内
シグナル変換、細胞間シグナル伝達・応答にわけて述べたいと思います。

4. 重力感受・細胞内シグナル変換

　動物の多くはからだのバランスを保つのに重力方向を絶対的なものとして
利用しています。実際に無重力環境ではその絶対方向を失い、地上ときわめて
異なる行動をとります。動物を宇宙に連れて行くと、例えば、カエルは無重力
になるやいなや周囲の物につかまり首を大きくそらして後ずさりしようとしま
したし、コイ（鯉）は頭から飛び込むような形で腹を内側に回転しました。ヒ
トは内耳の耳石器にある耳石の動きで重力の向きを感じており、宇宙無重力環
境では視覚に頼るしか位置を知る手掛かりがなく、視覚と耳石器による平衡感
覚の不釣り合いから自律神経系の防御反応が引き起こされて、「宇宙酔い」の
状態になります。

　耳石のように重力方向に動いてその方向を示す構造物を平衡石（スタトリ
ス：statolith）と呼びます。この動きは耳石器の有毛細胞（感覚細胞）の力学
的変形という形で受容されます。有毛細胞の力学的変形は細胞膜と細胞骨格
（細胞質に存在し、細胞形態の維持や細胞内外の運動に必要な物理的な力を発
生させる細胞内の繊維状構造）を歪ませ、結果的に細胞膜や細胞骨格内に張
力が生じます。生じた張力は細胞膜にある機械的刺激受容体（メカノレセプ
ター）を活性化させます。この受容体はカルシウムイオン（Ca^{2+}）を透過さ
せる働きをもっており、重力刺激を細胞内 Ca^{2+} 濃度の変化に変換します。

　植物にも重力応答を示す器官において平衡石に相当する重力方向に沈降す
るデンプンを高密度に蓄積した色素体（沈降性アミロプラスト）が観察されま
す。これが沈降することで重力方向を感じているという「デンプン（アミロプ
ラスト）平衡石説：starch（amyloplast）-statolith theory」が、1900 年に
ハーバーランド（G. Harberlandt）とネメーク（B. Němec）によって独立に
提唱されました。

　根において沈降性アミロプラストを含む細胞は、軸に対称な形で根冠の中

央部に縦方向に群をなして存在しているやや大型の柱状のコルメラ細胞群です（図3-5A、B）。レーザー光を照射しコルメラ細胞を壊したシロイヌナズナが重力屈性を示さなくなることや、デンプン合成能力が異常でアミロプラストを作れないシロイヌナズナ突然変異体は重力屈性をほとんど示さないことから、根冠のコルメラ細胞でアミロプラストの沈降を通じて重力を感じているといえます。コルメラ細胞中のアミロプラストは細胞質基質より比重が大きく、重力方向に片寄って分布しています（図3-5B）。コルメラ細胞の根の先端側の細胞周縁部には特殊な小胞体の膜構造があり、沈降したアミロプラストはこれを押すように位置しています。平衡石のイメージ通りにアミロプラストは重力方向へ移動し、その結果、特殊化した小胞体にかかる圧力が変わります。また、アミロプラストはアクチン繊維と呼ばれる細胞骨格の糸で吊り下げられており、重力方向へ動いて細胞膜にかかる張力の変化を引き起こします。

　位置情報となる重力刺激側と反刺激側のコルメラ細胞でのアミロプラストの沈降によってもたらされる圧力変化が、何らかの物質的情報に変換されると考えられます。リー（J. S. Lee）とエバンス（M. L. Evans）は、Ca^{2+}のキレート剤（溶液中で分子内の複数の配位原子で1つの金属イオンと結合し、その金属イオンの活性を低下させる働きをもつ非金属物質）をトウモロコシの根に処理すると、根の重力屈性が阻害されることを見いだしました。また、通常、細胞の膜の電位は細胞内が細胞外に対してよりマイナス値をとっていますが、シーファース（A. Sievers）らは、重力刺激を与えると数分の内に刺激側と反刺激側のコルメラ細胞でそれぞれ膜電位のマイナスの値が小さくなる脱分極と大きくなる過分極が起こることを見いだしました。コルメラ細胞に機械的刺激受容体が存在し機能しているかは明らかではありませんが、機械的刺激受容体の活性化や小胞体への圧力変化が細胞内のCa^{2+}濃度の変化に変換されるモデルが提唱されています。

　一方、茎では維管束を取り囲む内皮組織の細胞（内皮細胞または内皮デンプン鞘細胞）に沈降性アミロプラストが存在します（図3-5A）。根では根冠切除によってアミロプラストの役割の推察が可能でしたが、茎の内部にある内皮細胞を人為的に植物体から取り除くことは不可能です。しかし、奈良先

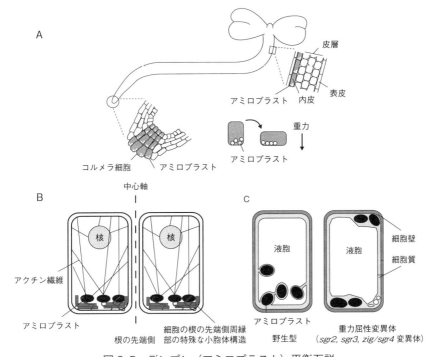

図3-5　デンプン（アミロプラスト）平衡石説

A：根では根冠のコルメラ細胞の、茎では内皮細胞の沈降性アミロプラストが、重力方向に片寄って分布することによって重力を感じています。B：根のコルメラ細胞におけるアミロプラストの挙動の模式図。C：シロイヌナズナの野生型（左）と *sgr* 突然変異体の花茎の内皮細胞（右）におけるアミロプラストの挙動の模式図。

端大学大学院の田坂（M. Tasaka）らによるシロイヌナズナの内皮細胞中のアミロプラストがない突然変異体（*endodermal-amyloplast less1: eal1/short -root: shr*）や内皮細胞が失われた突然変異体（*shoot gravitropism1: sgr1/ scarecrow: scr*）を用いた解析から、茎でも内皮細胞のアミロプラストの移動を通じて重力方向を感じていることが明らかとなりました。おもしろいことに、茎と根の内皮はつながっていますが、内皮細胞が失われた突然変異体の根の重力屈性は正常でした。このことから、茎は茎で根は根で独立して重力を感じているといえます。

　シロイヌナズナ花茎の内皮細胞ではその体積の大部分が大きな液胞で占め

られており、重力方向を変化させるとアミロプラストは液胞膜と細胞膜の間の狭い細胞質の領域や原形質糸を移動していきます。茎において重力屈性異常を示す突然変異体（*shoot gravitropism2: sgr2、sgr3、sgr4*）ではこの動きが異常であることから（図3-5C）、液胞膜がさまざまに形を変えながら動くという性質がアミロプラストの重力方向への移動に重要と考えられます。この挙動が何らかの形で、おそらく細胞内 Ca^{2+} 濃度変化としてシグナル変換されると考えられますが、その実態は十分に明らかにされていません。

5. 細胞間シグナル伝達・応答：屈曲の仕組み

　重力屈性は、横たえた茎や根の成長軸を対称にして器官の反重力側（上側）と重力側（下側）に形成された植物生理活性物質（成長調節物質）の偏差分布によりもたらされる、相対的な細胞成長量の違い（偏差成長）に起因します。その有名な古典的仮説が植物ホルモン・オーキシンの偏差分布によるという「コロドニー・ウェント説」です（図3-3B、詳細は「第2章　光屈性」をご参照ください）。しかし、成長軸の両側の成長速度がどのように変化して偏差成長が起こるのか、そして屈性に先立った天然オーキシンの化学的本体・インドール酢酸（indoleacetic acid: IAA）の量的変化が起こっているのか、また、それ以外の成長調節物質の関与はないのかが重要なポイントとなります。ここではオーキシンだけではなく、それ以外の成長調節物質の関与の可能性についても紹介することとします。

（1）　コロドニー・ウェント説
　オーキシン（天然化学物質の本体はIAA）は茎と根では成長を促進する最適濃度が違い、根の最適濃度は茎のそれと比べ非常に低く、茎の成長を促進する濃度では根の成長は抑制されるとされています（図3-3B）。この解釈のもとになっているのはチマン（1937年）の実験結果といわれてきました。「コロドニー・ウェント説」では、植物体を横たえるとオーキシンが重力方向［横たえた茎や根の反重力側（上側）から重力側（下側）への方向］に移動する

結果、上側に比べ下側の濃度が高くなるとされます。茎では上側より下側の成長が大きくなるので上に、根では下側の濃度が高くなると上側より成長が悪くなり下に屈曲することになります。ところが、チマンの器官のオーキシンの投与量 — 反応曲線を示した論文を精査すると、驚くべきことにオーキシン投与では根や芽の成長阻害しか見られていませんし、描かれた曲線もおおよそ（approximate）のものとして書かれています。さらに、これら器官内の内生 IAA レベルの違いも明らかではありません。加えて、最近の高等学校の教科書での引用では芽の投与量 — 反応曲線が除かれています。いずれにしても IAA に対する器官の反応特性に関する検証は、今後の重要な課題といえます。

　一方で、IAA の移動に関してはその分子機構が明らかにされつつもあります。主に茎の先端や若い葉で生合成された IAA は、茎では維管束付近を通って根の先端に向かって一方向に細胞間を移動していきます。根の先端に運ばれると、折り返して周辺部を伝わって根の基部側方向へ移動します。これをオーキシン（IAA）極性移動といいます。IAA 極性移動の分子機構の解明は、岡田（K. Okada）・上田（J. Ueda、第 6 章執筆者）らによる花器官の形成が異常で花茎先端がピン状に尖った構造をとり、IAA 極性移動能が著しく低下しているシロイヌナズナ *pin-formed*（*pin*）突然変異体の原因遺伝子の探索に端を発し飛躍的に発展しました（「第 6 章　植物の老化現象」をご参照ください）。最終的に 1998 年、パルメ（C. Palme）らによって、IAA 極性移動を担う輸送体・PIN-FORMED（PIN）タンパク質（以下 PIN）の細胞内分布の偏り（局在）が IAA 極性移動に重要であることが明らかにされました。

　細胞膜には IAA を細胞内に取り込む輸送体・AUX1 タンパク質と排出する輸送体・PIN があり、IAA は細胞内への取り込みと細胞外への排出の繰り返しによって細胞から細胞へと運ばれていき、その排出方向は PIN が細胞膜上のどの位置に配置するかで決まります（図 3-6A）。PIN にはいくつかの種類があり、細胞・組織・器官の違いによって機能する種類が違っています。シロイヌナズナの茎では AtPIN1（At：シロイヌナズナの学名 *Arabidopsis thaliana* の略号で、シロイヌナズナの PIN1 を表します）が、根では AtPIN2

A

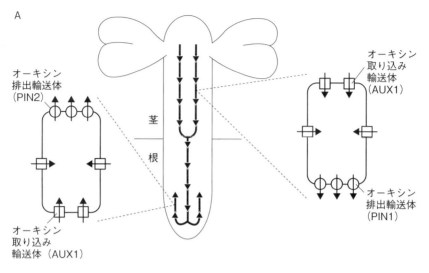

B

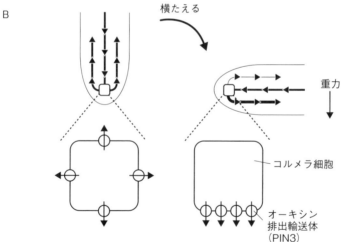

図3-6　シロイヌナズナにおけるオーキシンの極性移動（A）とオーキシンが排出
　　　　される方向が変わる仕組み（B）の模式図

A：オーキシンは茎の先端から根の先端に向かって送られ、根の先端に到達するとコルメラ細
胞で振り分けられ、表皮付近の細胞を通って根の基部側方向へと輸送されます。矢印はオーキ
シンの移動方向を示しており、茎では AtPIN1 が、根では AtPIN2 が極性方向への輸送を担っ
ています。B：重力方向に成長している根のコルメラ細胞では AtPIN3 は細胞膜全面に配置し
ています。根を横たえると AtPIN3 がコルメラ細胞の下側（重力側）に配置される結果、根の
下側の細胞にオーキシンが排出され、下側のオーキシン濃度が高くなると考えられています。

がIAAの極性方向への輸送を担っているとされています。

　シロイヌナズナの根冠コルメラ細胞ではAtPIN3が機能しています。垂直に置かれた根ではAtPIN3はコルメラ細胞のすべての方向の細胞膜上に配置していますが、根を横たえるとAtPIN3はコルメラ細胞の下側（重力側）に配置を変え、その結果、横たえた根の下側方向にIAAが排出されて、その濃度が高まると考えられています（図3-6B）。また、横たえた根ではAtPIN2の量が上側の表層で減る一方で、下側の表層では一過的に上昇することが報告されています。根冠コルメラ細胞と根の伸長域は物理的に離れており、横たえた根のコルメラ細胞でAtPIN3の配向（局在）の変化により重力方向に再配分されたIAAが、AtPIN2の機能によって根の伸長域の下側に多く輸送されて正の重力屈性をもたらすと推測されています。

　「コロドニー・ウェント説」では、茎や根の重力屈性に先立った、偏差成長をもたらすに足るオーキシンの不均等分布（重力側でのオーキシンの蓄積）が見られるかが大きな鍵となります。古くは、オーキシンの生物検定法（アベナ屈曲テスト）により、アベナ幼葉鞘の先端切片、ソラマメの根端切片、ルーピンの胚軸切片などにおいて重力側への移動が報告されています。1934年にケーグルらによりオーキシンの化学的本体がIAAであることが明らかにされてからは、機器分析によるIAA定量実験がなされてきました。トウモロコシの幼葉鞘、中胚軸、根などにおいてIAAの偏差分布が報告されている一方で、ダイズやヒマワリの胚軸、トウモロコシやソラマメの根などでは偏差分布が認められないという報告や、偏差分布がある場合でも組織中のIAA濃度勾配が光屈性に比べて小さいという指摘もなされています。近年、オーキシンの量的変化に応答する遺伝子の発現を指標にオーキシン偏差分布を明らかにする試みもなされており、屈性を説明できるIAAの量的変動があるか否かについては、今後さらなる研究が必要でしょう。

　「コロドニー・ウェント説」では、IAAの偏差分布に依存して細胞伸長が制御されると考えられます。きわめて迅速に引き起こされる細胞伸長促進機構として、オーキシン結合性の細胞膜型プロトン（H^+）-ATPaseの活性化を通じて、細胞壁を含む細胞間環境（アポプラスト）を酸性化して細胞壁を緩ませる

という「酸成長説：acid growth theory」が提唱されています。H⁺-ATPase は細胞膜上に存在し、細胞内の IAA によって活性化されると、ATP の加水分解と共役して水素イオンを細胞外へ放出します。細胞壁の緩みには、細胞壁セルロース微繊維の配向を決めている繊維状の細胞骨格の一種である表層微小管の向きや、細胞壁セルロース微繊維間を埋めているマトリックス多糖類の一種であるキシログルカンの生化学的（分子量）変化などが関わるとされています。

（2）　成長調節物質：成長抑制物質

　重力刺激を受けた茎や根において刺激側の成長速度が高まる場合には成長促進物質が、低下する場合には成長抑制物質が重力刺激の細胞間シグナル分子の候補となります。オーキシンそのものが主要な要因ではないとの立場の研究も多くなされています。

1）　アブシシン酸およびジャスモン酸の関与

　ピレー（P. A. Pilet）らは光依存性の重力屈性を示すトウモロコシの根において、成長抑制作用をもつ植物ホルモンのアブシシン酸（abscisic acid: ABA）を根の片側に与えると投与側に屈曲すること、根冠に ABA が多く存在すること、重力刺激を与える前に ABA を与えておくと根の屈曲が促進されること、横たえた根の伸長域域の下側と上側で ABA の不均等分布が認められること、さらにこの不均等分布が根冠を除去すると認められなくなることから、ABA による根の重力屈性モデルを提唱しました。

　ABA はピルビン酸とグルタルアルデヒド 3-リン酸から、カロチノイド、キサントキシン、アブシシン酸アルデヒドを経て生合成されます。しかし、カロチノイド合成阻害剤によって生体内の ABA 量を低下させたトウモロコシの根や、カロチノイド合成系を欠損したトウモロコシの根でも重力屈性は認められます。さらに、光依存性の重力屈性を示すトウモロコシの根において、ABA や IAA の偏差分布よりもむしろ、重力屈性と相関する未同定の成長抑制物質の関与も指摘されています。ABA の関与には否定的な考えも多く、今後の検証が必要でしょう。

　植物ホルモン類のジャスモン酸（jasmonic acid: JA）の合成能力を欠いたイネ突然変異体ではJA合成能力が正常な野生型に比べて重力屈性反応が遅く、屈曲の程度も抑えられていることから、重力屈性反応にJAの関与の可能性も指摘されています。ABAと同様にJAも細胞成長に対して抑制効果を示します。

　2）　ブルインスマ・長谷川説

　「第2章　光屈性」で詳細に述べられているように、オランダのブルインスマと本書の監修者である筑波大学の長谷川は、1990年に光屈性の制御機構として、光照射側で光によって増量する光刺激応答性の成長抑制物質（オーキシン活性抑制物質）が関与することを示し、「ブルインスマ・長谷川説」を提唱しています。その本質は、光屈性を制御する物質は単なる成長抑制ではなく、オーキシン活性に対する抑制を介して芽生えの成長を抑制することにあります。長谷川らのグループは重力屈性においてもこの説が適用できるかを検証するために、詳細な成長解析と機器分析による定量解析を行ってきました。その結果、横たえて重力刺激を受けた茎の上側で増えるオーキシン活性を抑制する成長抑制物質として、ダイコン胚軸からラファヌソールAを、トウモロコシ幼葉鞘からベンゾオキサジノイド化合物を単離・同定し、この説が重力屈性にも適用できる可能性を指摘しています。

　次に、筆者の宮本と長谷川らが行った成長抑制物質が重力屈性に関与している実験結果を紹介します（図3-7）。暗所で生育させた（黄化）エンドウ芽生えの上胚軸（茎）に一定間隔で細かなビーズを張り付けておいて画像を撮り、その間隔の変化を成長速度の変化としてとらえると、通常の芽生えの成長速度がわかります。横軸の時間0の時点で植物を横たえ、引き続き茎の成長速度と屈曲角度の変化を測定すると、横たえて15分ぐらい経つと屈曲が認められるようになります（図3-7A中aの時点）。屈曲開始時点で横たえた茎の上側で成長速度の低下が認められますが（図3-7B中aの時点）、少なくとも茎の下側の成長速度の変化は認められていません。さらに、横たえた茎の上側の成長速度の低下に対応して増量する成長抑制物質の存在が明らかとなり、これを単離し、β-(isoxazolin-5-on-2yl)-alanine（βIA）と同定することがで

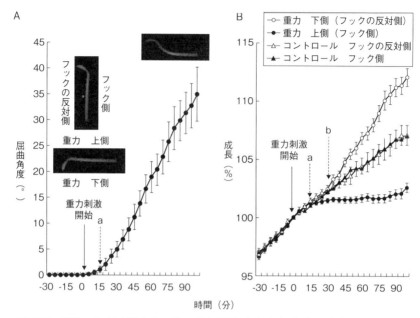

図 3-7 黄化エンドウ芽生えの茎の重力屈性（A）と偏差成長（B）の経時変化
黄化エンドウ芽生えの茎（上胚軸）のフック（暗所で生育させた双子葉植物の茎の先端
の鉤状の構造）から下 2 ～ 10mm 域にビーズを用いて印をつけ、芽生えを横倒しにして
重力刺激を与え、茎の屈曲角度を測定するとともに、重力側（下側）と反重力側（上側）
の成長量を経時的に測定した結果、刺激を与えると上側の成長速度が先に低下すること
がわかりました。図中、破線矢印は屈曲および成長速度の変化の開始を示しています。
（Hasegawa et al., Plant Growth Regulation 82: 431-438, 2017 の結果を基に作図）

きました。重力応答突然変異体・エイジオトロパム ［*ageotropum*：a- という
非・無を表す接頭語と屈地性（geotropisum）に基づいた名称］エンドウ芽生
えは、横たえても重力屈性を示しませんし、βIA の量的変化も示しません。
このことは、エンドウ芽生えの茎の重力屈性における重力刺激応答性に成長抑
制物質が関与することを示すものです。

　一方、茎の上側の成長速度の低下による明確な重力屈性が誘導された後（図
3-7B 中の b の時点）に、下側の成長速度の上昇が認められています。この成
長促進が「コロドニー・ウェント説」でいわれているオーキシンなのか、ある
いは未知の成長促進物質であるのかは、今後明らかにすべき課題です。重力屈

性における成長抑制物質の関与については光屈性の場合と同様に高等学校「生物」の教科書では扱われていません。読者の皆さんもいろいろな見方があることを知って学んでください。

6. 宇宙無重力環境下および過重力環境下での植物実験

　重力の影響を調べるには、植物にかかる重力の方向を変えること以外に、重力の大きさを変えた実験が有効です。過重力環境は遠心機によって、無重力環境は宇宙環境の利用によって得ることができます。現在、主に利用されている宇宙環境は高度 300 〜 400km の軌道上を飛行している国際宇宙ステーション（International Space Station: ISS）で、地球の引力と釣り合う推力（遠心力）を生み出して飛び続けているので ISS 内の物体にとって無重力環境となります（実際には ISS の中でもごくわずか 10^{-6} 〜 $10^{-4}G$ が存在していますが、ここでは無重力と呼ぶことにします）。この節では、筆者の宮本と曽我らがそれぞれ関わった植物宇宙実験を中心に紹介したいと思います。

（1）　自発的形態形成
　宇宙無重力下、暗所では、環境要因の影響を受けずに植物自身がもつ性質に従った自発的な形づくり、「自発的形態形成」（automorphogenesis または automorphosis）を見ることができます。筆者の宮本と上田（現　大阪府立大学名誉教授、第 6 章執筆者）は、1998 年にスペースシャトルを利用した STS -95 宇宙実験と 2016 〜 2017 年に ISS 宇宙実験において、自発的形態形成の制御機構を IAA 輸送に関連した分子の観点から調べました。ISS 宇宙実験では、エンドウを暗所で 3 日間発芽・生育させました。宇宙人工 1G 下（ISS 内の日本実験棟「きぼう」にある遠心機により作出した人工 1G 環境）では芽生えの茎と根は地上 1G で見られるようにそれぞれ反重力方向と重力方向に伸長しました（図 3-8A）。一方、宇宙無重力下では、茎は子葉から離れる方向に、根は容器内の気中に向かって傾いて伸長するという自発的形態形成を示しました。宇宙人工 1G 下と宇宙無重力下で IAA 極性移動阻害剤（2, 3, 5-

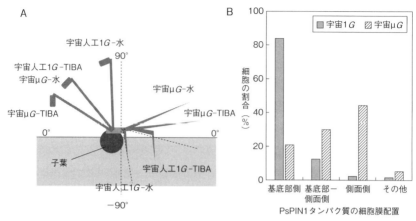

図3-8　宇宙無重力環境下で発芽させた3日齢エンドウ黄化芽生えの形態の模式
　　　　図（A）および茎におけるオーキシン排出輸送体PsPIN1の細胞内配置
　　　　に対する宇宙無重力の影響（B）

宇宙無重力下では、茎は子葉から離れる方向に、根は気中に向かって傾いて伸長しました（自発的形態形成）。IAA極性移動阻害剤（2, 3, 5-triiodobenzoic acid：TIBA）を与えて育てると、自発的形態形成に似た成長とその増強が認められました。宇宙無重力下で育てると茎のIAA極性移動が低下しますが、これはPINの細胞膜基底部側の配置が撹乱されたことによると考えられます。
（宮本健助『植物の生長調節』55（1）pp.23〜31（2020）を基に作図）

triiodobenzoic acid: TIBA）を与えて育てると、自発的形態形成に似た成長とその増強が認められました（図3-8A）。宇宙無重力下で育てた芽生えの茎のIAA極性移動は宇宙人工1Gや地上対照に比べて低く、この撹乱が自発的形態形成をもたらすと考えられます。

　エンドウのIAA極性移動には、PsPIN1（PsはエンドウPisum sativumを意味し、PsPIN1はエンドウのPIN1を表します）が重要な役割を果たしています。PsPIN1の細胞内局在を調べたところ、人工1G下で生育させた芽生えの茎では、その大部分が維管束鞘組織の細胞の基底部側の細胞膜に局在して茎の基部側方向にIAAを輸送しやすいように配置していたのに対し、無重力下のものでは維管束鞘組織の細胞の維管束側（内側の細胞膜）に多く局在していました（図3-8B）。宇宙無重力下ではPsPIN1の細胞内局在の変化によって

IAA 極性移動が阻害的に攪乱され、自発的形態形成がもたらされると考えられます。本実験で得られた無重力下での植物の姿勢を IAA 極性移動に影響する薬剤によって制御できるという結果は、将来の宇宙植物栽培のための重要な基礎的知見です。

　一方、トウモロコシを宇宙無重力下、暗所で 4 日間発芽・生育させると、幼葉鞘はやや湾曲して、中胚軸はランダムな方向に著しく屈曲して伸長するという自発的形態形成を示しました。STS-95 宇宙実験で、エンドウとは逆にトウモロコシ芽生えでは幼葉鞘や中胚軸の IAA 極性移動が地上対照に比べて高いという結果が得られていました。この結果も、ISS 宇宙実験においても再確認されました。縦断切片おいて IAA 排出輸送体 ZmPIN1a（Zm はトウモロコシ *Zea mays* を意味します）の細胞内局在を調べたところ、幼葉鞘では柔組織細胞と維管束組織細胞の基底部側細胞膜に、中胚軸では維管束組織細胞の基底部側細胞膜に局在し、これらが IAA 極性移動に関わると推察されました。この細胞内局在に対する宇宙無重力の影響はほとんど認められませんでした。一方、横断切片の解析結果から、宇宙無重力下で育てると幼葉鞘の葉肉組織において ZmPIN1a が IAA を極性移動させている維管束方向を向いている細胞の割合が高いことがわかりました。トウモロコシでは、幼葉鞘先端で生成された IAA を宇宙無重力下においては、より効率的に IAA 極性移動システムに送り込む仕組みがあるようです。

　このように植物の自発的形態形成の制御には、PIN の細胞内局在の変化が関わっています。PIN の細胞内局在とオーキシン極性移動に対する重力の影響がエンドウとトウモロコシで異なる理由は定かではありませんが、植物種の違いや器官の違いによるものかもしれません。最近、PIN は細胞膜の特定の位置に配置された後、そこに留まっているのではなく、活発に細胞内に取り込まれ再配置（リサイクリング）されたり、代謝・分解されたりしていることがわかってきています。PIN の細胞膜上の局在がどのように重力によって制御されているかの解明が今後の課題です。

68

（2）抗重力反応

　大阪市立大学の保尊（T. Hoson）、若林（K. Wakabayashi）と筆者の一人である曽我（K. Soga）らは、植物の茎の成長に対する過重力の影響を調べ、細胞の伸長速度を半減させるには数十〜数百 *G* が必要で植物は過重力に対してかなりの抵抗能力をもっていること、そして重力が大きくなるにつれて茎は太く短くなり、強固な細胞壁が作られることを見いだしました（図 3-9A、B）。さらに、宇宙実験によって、無重力下では逆に茎が細く長くなり、細胞壁が柔らかくなることを明らかにしました（図 3-9A、B）。このことから、地上に暮らしている植物は茎の形や細胞壁のかたさを調節して、重力に対抗できる強固なからだを作っていると考えられます。植物が重力に対抗できるからだを作ることを「抗重力反応」といいます。

　抗重力反応は、機械的刺激受容体を阻害剤によって働かなくすると見られなくなることから、細胞膜にある機械的刺激受容体で重力を感じていると考え

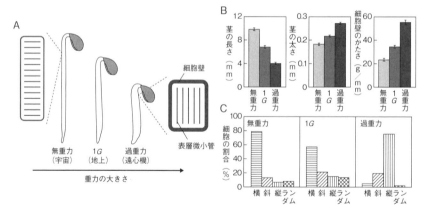

図 3-9　抗重力反応

A：抗重力反応の模式図。重力が大きくなるにつれ、横方向の表層微小管をもつ細胞の割合が減り、縦方向の表層微小管をもつ細胞の割合が増えることによって茎が太く短くなります。また、細胞壁多糖の量や分子量が変化することによって細胞壁が強固になります。B：宇宙無重力環境、地上の 1*G* 環境、および遠心機を用いた過重力環境下（300*G*）で生育させた黄化シロイヌナズナ芽ばえの茎の長さ（左）、太さ（中央）、細胞壁のかたさ（右）。C：B と同じ環境で生育させた黄化シロイヌナズナの茎の表皮組織における、横、斜め、縦、ランダムの方向の表層微小管をもつ細胞の割合。

られます。先に述べたように、茎の重力屈性では内皮細胞のアミロプラストによって重力を感じています（図3-5）。しかし、内皮細胞が失われた変異体でも抗重力反応は正常に起こります。抗重力反応と重力屈性とでは重力感受の仕組みが異なると考えられますが、まだその実態は明らかでありません。

　茎や根の成長方向は細胞壁中のセルロース微繊維の配向によって決定されています。その配向は細胞膜の直下にある表層微小管によって制御されています。表層微小管が横方向に並ぶとセルロース微繊維が横方向に配置して細胞は縦方向に、表層微小管が縦方向に並ぶとセルロース微繊維が縦方向に配置して細胞は横方向に成長します。これは、セルロース微繊維を合成するセルロース合成酵素複合体が、表層微小管のガードレールに沿って（ガードレールモデル）、あるいは表層微小管のレールの上（モノレールモデル）を動いているからです。

　重力によって茎の形が変わるときにも表層微小管が働いています。重力が大きくなるにつれて、横方向の表層微小管をもつ細胞の割合が減り、縦方向の表層微小管をもつ細胞の割合が増えます（図3-9C）。また、宇宙無重力下では横方向の表層微小管をもつ細胞の割合が増えます。表層微小管の向きは微小管結合タンパク質の働きによって制御されています。過重力下では微小管結合タンパク質のひとつであるMAP65-1の量が減り、逆に無重力下では増えたことから、重力によってMAP65-1の量が変化して表層微小管の向きが変わると考えられます。

　植物の細胞壁は、骨格に相当するセルロース微繊維、セルロース微繊維間を埋めているマトリックス多糖、そして多糖間を架橋するフェノール性物質（例えばフェルラ酸など）や構造性タンパク質から構成されています。細胞壁のかたさは細胞壁多糖の量や分子量によって変化します。過重力下では細胞壁多糖の分解が抑えられて細胞壁多糖の量や分子量が増加し、細胞壁がかたくなります。一方、宇宙無重力下では細胞壁多糖の分解が活発になり、細胞壁多糖の量や分子量が減少し、細胞壁が柔らかくなります。加えて、宇宙で育てたイネでは多糖類間のフェルラ酸同士の架橋結合の形成が抑制されていました。このように宇宙無重力下では細胞壁に関わるさまざまな変化の統合を介して、細

胞壁を柔らかく伸びやすい状態に保っていると考えられます。

7. おわりに ─ 重力植物科学の将来 ─

植物はヒトの生存に必須のものです。長期にわたる有人宇宙探査計画や月・火星基地計画を成功させるには、成長調節物質などを利用した植物の成長・発達のケミカルレギュレーションや重力の感受・応答に関わる遺伝子改変植物の適用なども考えていかなくてはなりません。植物のからだづくりに対する重力の影響の研究はますます重要になっていきます。筆者・曽我と宮本は 1998 年に STS-95 宇宙実験で初めて宇宙植物科学の研究に関わってか

写真 3-1　3 次元クリノスタットを前にして
　　　筆者の曽我（右）と宮本（左）。

ら再び宇宙実験の機会を熱望し、それぞれ ISS 宇宙実験「Aniso Tubule」（2013-2016 年）と「Auxin Transport」（2016-2017 年）の機会を得ることができました。若い人たちが宇宙に自然科学の夢を膨らませてくれることを期待しています。

参考文献

古谷雅彦・西村岳志・森田（寺尾）美代「植物の重力屈性の分子メカニズム　根が地中に潜り茎が空へ向かうしくみ」『化学と生物』55（9）2017 年、pp.624-630（DOI: 10.1271/kagakutoseibutsu.55.624）

宮沢 豊・曽我康一『植物科学の最前線 第 11 巻 A　宇宙から識る植物科学』日本植物学会、2020 年、https://bsj.or.jp/jpn/general/bsj-review/BSJ-Review11A_1-119.pdf

宮本健助「重力屈性・重力形態形成」長谷川宏司・広瀬克利編『最新　植物生理化学』大学教育出版、2011 年、pp.85-134

宮本健助「重力形態形成・重力屈性」植物生理化学会編集、長谷川宏司監修『植物の知恵とわ

たしたち』大学教育出版、2017 年、pp.46-75

宮本健助「宇宙環境下における植物の成長・発達とオーキシン動態：特に、国際宇宙ステーション実験 "Auxin Transport" の観点から」『植物の生長調節』55（1）2020 年、pp.23-31（DOI: 10.24480/bsj-rcview.11a3）

渡辺　仁（訳）『C. ダーウィン原著　植物の運動力』森北出版、1987 年

Went, F. W., Thimann, K. V.（1937）"Phytohormones", The Macmillan Company, New York.（川田信一郎・八巻敏雄　共訳『植物ホルモン』養賢堂、1951 年、訂正第 2 版　1953 年）

第4章
植物の傾性運動

1. はじめに

　「青いお空のそこふかく、海の小石のそのように、夜がくるまでしずんでる、昼のお星はめにみえぬ。見えぬけれどもあるんだよ、見えぬものでもあるんだよ」は、筆者の大好きな詩の一節で、同郷（山口県）の童謡詩人、金子みすゞさんにより作られたものです。「昼のお星」をオジギソウの場合に置きかえて、考えてみたいと思います。

　オジギソウの葉の先端部分を刺激すると、葉が速やかに次々と閉じ葉柄が垂れ下がります（写真4-1）。子どものころ、また大人になってもこのようなオジギソウの不思議な振る舞いに魅せられた人は多いのではないでしょうか。

写真4-1　刺激によるオジギソウの運動
左側：刺激前、右側：刺激後

実は、筆者もその1人です。

　本書は、主に生物学者によって執筆されていますが、化学者の立場から、傾性運動の仕組みについてお話したいと思います。初めに、"天然物化学"とは？

　天然物（有機）化学は、有機化学をベースにして「自然からの贈り物」すなわち生物の産生する多種多様な化学物質（生体内で、生命に必須なアミノ酸、酢酸や脂肪酸、単糖などの簡単な基本分子からつくられた複雑な化合物）について研究する学問です。例えば、現在医薬品として使用されている天然物は、主に植物と微生物に由来しています。

　高校時代、筆者は陸上競技の長距離選手としてハードな練習をしていた1951年夏、急に高熱が出て肺炎と診断されましたが、ペニシリンの効き目はまったくなく高熱は続きました。それでは新薬をと、ストレプトマイシンを投与していただき、筆者は一命を取り留めることができました。このような経緯から、筆者は高校から大学に進学するとき、化学の道を選びました。

　ご存知のように、英国のフレミング（A.Fleming）による抗生物質"ペニシリン"の発見（1945年、ノーベル生理学・医学賞）や米国のワクスマン（S.A.Wakusman）による抗結核薬"ストレプトマイシン"の発見（1952年、同賞）は理科の教科書に記載されています。当時「結核は不治の病」と考えられていましたが、ストレプトマイシンの発見によりこの危惧は払拭されました。

　最近では、2015年、ノーベル生理学・医学賞が大村智、W.キャンベル（W.C. Cambell）両博士（抗生物質アベルメクチンおよびその誘導体イベルメクチンの発見と線虫の寄生による感染症に対する新治療法に関する発見）とト・ヨウヨゥ氏（Tu Youyou、中国）（植物由来の抗マラリア薬アルテミシニンの発見とマラリアに対する新たな治療法に関する発見）に授与されました。いずれの場合にも年間2億人もの感染者の生命が救われています。

　なお、日本の天然物化学の分野からは、2008年、"オワンクラゲの緑色蛍光タンパク質GFPの発見"に貢献したとして、ノーベル化学賞が下村脩博士に授与されました。現在、天然物化学は目覚ましい発展を遂げ、生理活性天然

写真 4-2　実験室での集合写真
1990 年、研究室（慶應義塾大学）が発足して 10 年目に当たります。前から 2 列目、中央が筆者。

分子がタンパク質などの生体高分子に対してどのような働きをするかを突き止めることにより、生命現象の本質を理解しようとする研究〔ケミカルバイオロジー（chemical biology）〕が活発になされています。後ほど、ケミカルバイオロジーについて例示したいと思います。

　筆者は、名古屋大学理学部からスタートして、大勢の研究室メンバー（写真4-2）と一緒に、動・植物や微生物の産生する特異な化学構造と生物機能を有する天然物（約 250 種類）の化学的研究を行ってきました。例えば、植物からは、セッコクのアルカロイド（神経毒）やユズリハのアルカロイド（随意運動や呼吸運動の減衰）、イチョウのギンコライド等［アルツハイマーに起因するアミロイド・ベータ（Aβ）タンパクの伸長を抑制］、ショウブの芳香成分アコラモン（ミバエ雄に対する誘引物質）、トウダイグサのユーフォルニン類（魚毒性や発がん性）などがあります。

　人と同様に、個々の天然物は生理活性、構造、反応性などの面でいずれも魅力的な個性を有し、筆者はこれらの化合物の個性を引き出すことを一つの責務と考えています。例えば、ショウブの芳香成分の一つアコラゲルマクロンの構造に着目して、最終的にはゲルマクレン D からワモンゴキブリの性フェロモン、ペリプラノン A（雌が雄を誘引する化合物）の合成を行いました。この

化合物は天然のそれと同等な活性（$2 \times 10^{-4} \mu g$）を示したことにより、推定されていた 3 つの化学構造のうち、ドイツの ハウプトマン（H. Hauptomann）らにより発表された構造が確証されました。

　一方、アメリカのマクドナルド（T. L. MacDonald）らは独自の合成法によりワモンゴキブリ（雄）の誘引物質をつくり、合成的にペリプラノン A に対してハウプトマンとは異なる構造を提出しましたが、後に、彼らの合成物自体には誘引活性はなく、超微量の活性生成物ペリプラノン A が混在しているためとわかりました。

　また、オランダのパースウンス（C. J. Persoons）らはワモンゴキブリから 2 種の性フェロモン（ペリプラノン A および B）を分離し、前者に対してハウプトマンやマクドナルドとも異なった第三の構造を報告しましたが、実際には、活性本体が分離の過程で化学的に変化した化合物であり、その活性は微量に残っていた本体（ハウプトマンのペリプラノン A）によることがわかりました。

　このことは超微量で活性を示す化合物を取り扱う場合には、オジギソウの場合もそうですが、細心の注意が必要であることを示しています。

　本章では、傾性運動の謎を実証的に最新の分離・分析技術を駆使して、世界で初めて就眠運動を制御する化学物質を発見した経緯を解説するために、それに関わる化学物質名を列記いたしました。ただし、読者の皆さんの中には化学物質にアレルギーをもつ方が少なくないと思いますが、その場合はその物質名（カッコ内に記載）をとばしてお読みください。逆に、化学物質に興味をもっておられる方には、本書の巻末に化学物質の構造式を列記しておりますので是非ご覧ください。

　振り返ってみますと、種々な生物の産生する生理活性物質に魅了されていた筆者が、名古屋大学時代（1967 年）からの懸案であったオジギソウの化学的研究を本格的に開始しましたのは 1980 年のことです。その主な目標は、①オジギソウの運動に関する真の活性物質（刺激伝達物質、就眠および覚醒物質）を明らかにすること、②化学の視点から、体内時計による就眠運動の仕組みを理解することです。

　筆者らの研究については後述するとして、まずは先人たちの研究について紹介したいと思います。

2. 植物の運動

　植物の運動について歴史をさかのぼりますと、「進化論」で有名なイギリスのチャールズ・ダーウィンに行き着きます。1859 年、彼は名著『種の起源』を出版し、その数年後に『よじのぼり植物 ― その運動と習性』を発表しています。一般に植物は"動かないもの"と考えられていましたが、1880 年、ダーウィンは子息フランシスの助けを借りて、集大成ともいえる『The Power of Movement in Plants』（植物の運動力）を出版しました。その中で、300 種を超す植物のさまざまな運動について、膨大な実験を行っています。特に、光屈性（phototropism）に関する研究が、最初の植物ホルモン、オーキシン（インドール酢酸）の発見につながったことは広く知られています。屈性運動とは、植物が刺激の方向に対して一定方向に屈曲・生長する運動です。

　一般に、植物の運動は、屈性（tropism）、傾性（nasty）および走性（taxis）に分類することができます。その中で、よく「SF 映画では見たが、本当に動物のように動く植物ってあるの？」という質問がありますので、本題の傾性に入る前に"走性"について例を挙げて簡単に説明しておきましょう。

　ミドリムシは植物界、ミドリムシ植物門、ミドリムシ藻網、ミドリムシ目に属し、田んぼや水溜りに発生する単細胞生物です。ミドリムシは 2 本の鞭毛を持ち動物と同じように移動しますが、同時に植物と同じように葉緑体を持ち光合成を行います。植物の定義は、葉緑体を持ち光合成を行う生物ということですから、ミドリムシは名前も挙動もとうてい植物とは思われませんが、れっきとした植物なのです（『動く植物 ― その謎解き』2002 年、pp.177-197）。

　それでは、本題にもどり、植物の傾性運動とは、刺激の方向に関係なく、植物自身の構造によって一定方向に屈曲する運動で、マメ科やカタバミ科の植物の就眠運動（nyctinasty）や花の開閉運動がよく知られています。写真 4-3 に就眠運動を行う植物の昼間と夜間の様子が示されていますが、まさに

写真 4-3　植物の就眠運動
左側：昼間、右側：夜間。左からエビスグサ、コミカンソウ、オジギソウ。
昼間はそれぞれの植物の葉は開いていますが、夜間には葉が閉じています。

忍者のように変身していることがわかります。このことは、2300 年前、アレキサンダー大王時代の文献にも記載され、人々の注目を引いていました。また、オジギソウの場合には、手で触れるなどの刺激を与えると小葉を次々と折りたたみ、さらに枝葉が垂れ下がります（写真 4-1）。これを接触傾性運動（thigmonasty）といいます。化学の視点からオジギソウやネムノキなどの運動について紹介したいと思います。

3.　オジギソウの運動と活性物質

ことわざに「百聞は一見にしかず」といいますが、マメ科植物オジギソウ（*Mimosa pudica* L.）の苗木を園芸店から手に入れ、オジギソウを用いて、実験をしながら、その様子を観察しました。

（1）　実験と観察
〈実験 1　刺激実験〉
オジギソウはおおよそ 1 日周期のリズム（circadian rhythm「サーカディアン・リズム」：英語 circadian の語源は、"約"を意味するラテン語の circa と "1 日" を意味する dies に由来している）で葉の開閉運動を行います。夜間、睡眠状態の羽状葉の先端に強い刺激（振動、熱など）を加えると、主葉枕

のところが屈曲し，葉柄が垂れ下がります。この様子は、昼間葉の開いた先端を指でそっと触れ、次いで強い刺激（振動、熱など）を加えることによって再現することができます。

〈実験2　熱刺激による実験〉（清水清『植物の運動』1979 年、pp.21-24, 36-66）

羽状葉の先端をライターで熱すると、先端から小葉が次々と閉じて根本まで来ると、刺激が2番目の羽状葉の根本から先端方向に伝播し小葉が次々と閉じます。さらに、同じように3、4番目の羽状葉が平行して閉じると、最後に主葉枕が屈曲し、葉柄が垂れ下がります。

〈実験3　麻酔実験〉

写真4-5（p.82）に示しましたが、蒸留水を入れた管瓶にオジギソウの枝葉を浸けた後、十分葉が開いた状態で、エーテル（2-3ml）を加えた小皿の上に管瓶を置き、広口びんでカバーします。20分程度たつと麻酔がかかり手で触っても葉は開いたままですが、カバーを取り除き、しばらくすると再び応答します。実験するには、直射日光を避けて窓際の明るい場所を選び、またエー

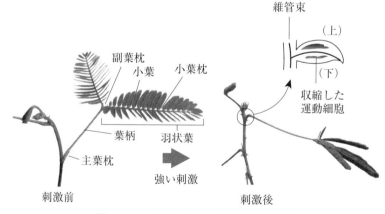

図 4-1　オジギソウの小葉と葉柄の運動
（高原正裕・神澤信行『植物の知恵とわたしたち』p.75 を改訂）

テルは揮発しやすく麻酔を誘発する作用があり、化学的には引火性ですから、取り扱いに十分注意しなければなりません。

　上述のように、オジギソウは私たちと同じようにエーテル麻酔にかかりますが、ヒトと同じ機構で進むのかどうか（ポール・サイモンズ、1992年；柴岡孝雄・西崎雄一郎訳、1996年）、その謎は解けていません。

　東北大学理学部生物学科の柴岡ら（1981年）は、電気生理学的手法を用いて、オジギソウに刺激を与えたとき、瞬時に枝葉が屈曲する速い運動（興奮性細胞の活動電位の発生および伝播）と刺激がゆっくり伝わる運動（活性物質が維管束により運搬）が起きることを報告しています。しかし、いずれにしても葉枕部にある運動細胞に刺激が伝わると運動細胞が収縮し、葉が閉じます（図4-1）。その際、カリウムイオン（K^+）と一緒に多量の水（細胞内の約60％）が細胞外へ放出されることがわかっています。それでは、実際にどのような化学物質が関わっているのでしょうか。

（2）　活性物質探索の歴史

　オジギソウの就眠運動に関する化学史を表4-1に示しました。

　1916年、イタリアのリッカ（U. Ricca）の実験に端を発して、オジギソウの活性本体の探索研究が活発になされてきました。中には、閉葉効果を示す植物ホルモン（ジャスモン酸、アブシジン酸）などが見つかりましたが、真の活性

表4-1　オジギソウの化学史

1729	オジギソウの就眠運動より生物時計を発見（J. ド・メラン）
1880	「植物の運動力」（C. ダーウィン）
1916	化学物質の関与を証明（U. リッカ）
1938	オジギソウの水溶性分画（2.4mg）を 5×10^8 倍希釈しても活性を示すことを発表（K. ウムラト）
1983	ターゴリンを発見（H. シルドクネヒト）（教科書に記載）
1984	非常に不安定なオキシ酸を検出（K. ウムラト）（不安定なため、構造決定は困難）
2000	就眠運動を制御する物質と活性機能を解明（上田、山村）

本体を突き止めるまでには至りませんでした。いまだ "昼のお星" の状態でした。

　1980年代に入りますと、ドイツ・ハイデルベルグ大学のシルドクネヒト（H. Schildknecht）らは30年にもわたる研究の結果、オジギソウの活性本体（LMF: Leaf Movement Factor）として没食子酸のD-グルコシド誘導体LMFを、またアフリカ産アカシアなどからも同種の化合物を発見し、就眠運動に共通の植物ホルモンと考え、ターゴリン（Turgorin）と命名しました。Turgorとは日本語で膨圧を意味し、ターゴリンは植物体内の膨圧を制御する化合物として大変脚光を浴び、当時の教科書にも記載されていました。

　まず、筆者らは、これら先人たちの偉大な研究について検証することから始めました。

　シルドクネヒトらの報告したターゴリン（LMF）は、分子構造の中に水素イオン（H^+）を出しやすい硫酸基［硫酸の分子構造$(HO)_2SO_2$の中で、1個の水素原子を炭素原子で置きかえたもの］を持っていますが、生体内で強酸の状態で存在するとは考えにくいことから、筆者らは中性条件下で注意深く分離を行いますと、予想通りLMFをカリウム塩として確認しました。この塩はオジギソウに対して閉葉効果をほとんど示しませんでした。シルドクネヒトらは、酸性条件下で分離を行ったところに間違いがあり、LMFの活性は遊離の硫酸基によるものと考えられます。実際に、オジギソウの枝葉を希硫酸に浸しても葉は閉じます。

　また、オーストリア・グラッツ大学のウムラト（K. Umrath）らが主張しているように、シルドクネヒトらは、他の植物に対しても活性試験にオジギソウの枝葉を用いた点にも間違いがありました。

　一方、1938年、彼らは、ミズオジギソウの葉4Kgから約2.5 mgの活性分画を得、このものが5×10^8倍まで希釈しても活性を示すことを見いだしました。さらに、半世紀を経て1984年、実際に活性物質を単離したわけではありませんが、活性物質が植物により異なっていることを主張し、さらにオジギソウの真の活性物質（刺激伝達物質）を含む水溶液はD-グルコシダーゼ（D-グルコースと結合した化合物からD-グルコースを切り離す酵素）で処理しても活性に変化はなく、また活性物質自体は非常に不安定で、シルドクネヒトらの

発見した物質が真の活性本体とは考えられないことを報告しています。

　以上のように、両者の異なった結果について結論から述べますと、非常に不安定な活性物質（オキシ酸：水酸基を持っているカルボン酸）の構造を決めるまでには至りませんでしたが、ウムラトのほうが正しかったということです。彼は生物学者ですが、シルドクネヒトは有機化学者です。"その差が出ているのかな"と思いますが、それと同時に異なった分野の協同研究がどれほど大切かを、このことは示していると思います。

（3）　真の活性物質を求めて

　1970年代後半から、分離・分析技術の目覚ましい発展に伴い、動・植物などから微量な活性物質を分離し、その分子構造を決めることができるようになりました。現在、分離法として、高速液体クロマトグラフィー（HPLC）は必須です。

　写真4-4のように、カラムクロマトグラフィー（写真4-4左側）は古くから使用されていますが、新しい充填材（カラムにつめた吸着剤）の研究・開発により分離の効率が大変よくなりました。最終的には、高速液体クロマトグラフィーを用いて、活性物質を純粋に分離することができます（写真4-4右側：充填材をつめたカラムにサンプルを注入し、矢印にしたがって上段の溶媒をポ

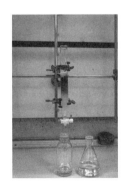 

写真4-4　微量な生理活性天然物の分離法
左側：カラムクロマトグラフィー　右側：高速液体クロマトグラフィー
〔北田昇雄博士（電気通信大学）より提供〕

ンプでカラムに送り込み、検出装置により溶出液を調べながら活性物質を分け取ります）。筆者らの経験から、特に充填材の選択がキー・ポイントです。

また、分子構造を決める方法として、核磁気共鳴、質量分析およびX線結晶構造解析が主に用いられています。ちなみに、この3分野から20名のノーベル賞受賞者が輩出されています。その中には、タンパク質などの質量分析法の功績により、田中耕一氏が2002年度ノーベル化学賞を受賞されています。

まず、オジギソウの活性物質を探すには、生物検定法（バイオアッセイ）を確立することが必要です（写真4-5）。

夏期を除いて、気温の低い時期には30℃以上にセットされた温室内で、鋭利なかみそりで水切りしたオジギソウの枝葉を、蒸留水のみを入れた管瓶に入れ、十分葉を開かせておきます。別に、種々の被検体水溶液を用意し、葉の開いた枝葉をそっと試料水溶液に浸して、葉の開閉の様子を調べます。この生物検定法は、簡便で迅速にでき、条件さえ整えれば、再現性もよいものがあります。写真4-5に昼間に測定した様子が示されています。また、後述するように、筆者らは同じ検定法により、夜間葉が開いているフラクション（管瓶）を目安にして、活性物質の探索を行いました。ちなみに、夜間は本来葉が閉じているのに開いているということは昼間と勘違いをしていることです。この要因

写真 4-5　オジギソウの生物検定法による就眠物質の探索
昼間、葉の閉じている管瓶（上段右側、中央および下段右側）に就眠物質が含まれています。上段、下段とも左側の管瓶に就眠物質が含まれていても、非常に微量。下段中央はコントロール。

は、葉を開かせる物質が閉じさせる物質よりも量的に多いということで、筆者らは初めてオジギソウの覚醒物質を単離することに成功しました（1999年）。

　まず、生物検定法により、オジギソウの活性物質は水溶性であることがわかりました。次いで種々の充填剤と溶出する溶媒を組み合わせてカラムクロマトグラフィー、さらにHPLCを活用して、試行錯誤を繰り返しながら、筆者らはようやく活性本体（刺激伝達物質）に到達しました。驚いたことに、この活性物質は3種類の化合物（L-リンゴ酸カリウム（オキシ酸）／ *t*-アコニット酸マグネシウムカリウム／ジメチルアンモニウム塩）からなる混合物で、およそ10^{-8}M濃度〔溶液1リットル中に溶けている溶質のモル数（質量÷分子量）〕という非常に薄い溶液で素早くオジギソウの葉を閉じさせます。また、どの一つが欠けても活性を失うことがわかりました。ウムラトらの"非常に不安定な活性物質"自体が不安定ではなくて、次の精製過程で、閉葉活性がまったくなくなってしまったと考えられます。実際、筆者らも同じ経験をしましたが、もう一度分離した各フラクションを組み合わせると、再び強力な閉葉効果を示しました。現在、この混合物が速い運動にどのように関わっているのか、まだわかっておりません。

　他方、速度のおそい就眠運動の場合には、D-グルコースと結合した就眠物質（5-*O*-β-D-グルコピラノシルゲンチジン酸カリウム［→ p.194］）と覚醒物質（ミモプジン［→ p.194］）がペアで得られ、約10^{-6}M濃度でそれぞれ閉葉および開葉活性を示し、両者の相対的な濃度変化によって、オジギソウは早朝葉を開き、夕方葉を閉じることも明らかになりました（1999年）。1916年、リッカの実験から83年を経て、ようやく"見えないもの"が見えてきました。筆者にとって、長い旅でしたが、興味を持ち続けたことがよかったと思っています。

　しかし、体内時計を含む植物の就眠運動を分子レベルで理解するには、もっと険しい山をいくつも越える覚悟が必要です。

4. 就眠運動のみを行う植物の活性物質

オジギソウの鋭敏で複雑な運動に比べて就眠運動のみを行う植物の場合には、活性物質の含有量も多く、単離する方法も比較的容易であると考えられます。実際に、世界で初めて就眠物質がカワラケツメイから見つかり、植物の体内時計の観点からも大変注目されました。

（1） カワラケツメイとハブソウの就眠物質および覚醒物質

カワラケツメイ（*Cassia mimosoides* L.）はオジギソウ（*mimosa*）に似た学名が示すように、オジギソウと葉のよく似たマメ科の植物です（写真4-6）。筆者らはこの植物を慶応大学の構内でたまたまみつけ、研究対象として取り上げました。研究材料によって研究の成功の成否に大きく関わる場合が多々ありますが、カワラケツメイとの出会いは大変幸運でした。

カワラケツメイの生物検定法については基本的にはオジギソウと同じですが、写真4-7のように、前日葉柄をかみそりで水切りしたものを、蒸留水の入った管瓶に入れます。翌朝葉が十分開いている葉柄を被検液に浸します。オジギソウに比べると感度は落ちますが、外的条件（天候、温度、湿度など）に左右されず、葉の開閉運動について再現性は非常によいことがわかりました。

写真 4-6　カワラケツメイの就眠運動
左側：昼間、右側：夜間

写真 4-7　カワラケツメイの葉柄をもちいた生物検定法
A：就眠物質があれば、昼間でも葉が閉じる（右から 3 番目）
B：覚醒物質があれば、夜間でも葉が開く（右から 4 番目）

　基本的には、オジギソウの場合と同じ分離操作により、昼間葉を閉じさせる就眠物質（ケリドン酸カリウム：化合物名は、最初に発見されたケシ科植物クサノオウの学名 *Chelidonium majus* に由来［→ p.194]）と夜間葉を開かせる D-グルコースと結合した覚醒物質（4-*O*-β-D-グルコピラノシル *cis*-*p*-クマル酸カルシウム［→ p.194]）をペアで分離することができました。両者とも活性値は $10^{-6} \sim 10^{-7}$ M で、この値は生存に欠かせない植物ホルモン（10^{-6} M）と同じようにきわめて薄いレベルの値です。

　さらに、姿・形はまったく異なっていますが（写真 4-8）、ハブソウ（*Cassia occidentalis* L.）はカワラケツメイと同じ種で、その就眠物質はケリドン酸カ

写真 4-8　ハブソウの就眠運動
左側：昼間、右側：夜間

リウムと同定することができました。

この就眠物質は、2個のカリウムイオン（K$^+$）を持っていますが、これをナトリウム（Na$^+$）、マグネシウム（Mg^{2+}）、カルシウム（Ca^{2+}）や遊離のケリドン酸自体（H$^+$）に変えると就眠活性はまったく認められません。この結果から、他の植物においても分離操作は中性条件で慎重に行う必要があります。話は前後しますが、この経験がオジギソウなどの場合にも生かされています。

また、オーキシンがオジギソウなどの他のマメ科植物に対して共通に開葉効果を示すことが知られていました。そこで、オーキシンと就眠物質（ケリドン酸ジカリウム）、覚醒物質と就眠物質、それぞれの拮抗作用を調べた結果、後述するように、夜間前者の濃度が 10^{-5} M レベルから早朝に 20 倍も増量して葉が開くことから、オーキシンは真の覚醒物質ではないと考えられます。

おそらく、植物ホルモンのオーキシンは運動細胞の膜に存在するプロトンポンプ〔ATP 加水分解酵素：ATP を ADP とリン酸に分解して生じたエネルギーにより生体膜内外にプロトン（H$^+$）勾配を形成する〕の活性化に寄与していると思われます。近年、オーキシンによる伸長成長はオーキシンに起因するプロトンポンプの活性化によることが報告されています。

（2）メドハギの就眠物質および覚醒物質

マメ科植物メドハギ（*Lespdedeza cuneata* G. Don）は、研究室からそう遠くない多摩川の川辺に群生する植物です（写真 4-9）。見かけは派手さもなく、どちらかといえば魅力に乏しい植物ですが、筆者には忘れることのできない素晴らしい贈り物をいただきました。

1989 年、筆者らは、メドハギから、最初の D-グルコースと結合した覚醒物質（レスペデジン酸カリウム［→ p.194］）とその幾何異性体（一般に、二重結合に結合した隣り合った官能基が同じ側にあるものをシス体、二重結合を横切った側にあるものをトランス体と総称している）を発見しました。その後、相当する就眠物質（D-イダル酸カリウム［→ p.194］）も単離することができました（1998 年）。後述するように、メドハギの覚醒物質は大活躍をします。

写真 4-9　メドハギの就眠運動
左側：昼間葉が開いています。右側：夜間葉が閉じています。

（3）　ネムノキの就眠物質および覚醒物質

　マメ科植物ネムノキ（*Albizza julirissin* D.）には、夜になると葉が合わさって閉じて眠るようにみえますので、"ネムノキ"の名がついたと言われています。この植物はよく見かけますが、意外と眠った状態のネムノキに気がつかない人が多いようです（写真 4-10）。筆者らの研究棟のそばにも大きなネムノキがあり、就眠物質を得るために、夜間採集して、そのまま熱湯で抽出します。この場合には、D-グルコースと結合した就眠物質（*β*-D-グルコピラノシル11-ヒドロキシジャスモン酸カリウム［→ p.194］）と覚醒物質（*cis-p-*クマロイルアグマチン［→ p.195］）も同じように分離することができました。

　ネムノキは、午後 4 時半ごろに葉を閉じ始め、6 時には完全に葉を閉じ眠りにつきます。翌朝午前 4 時半ごろに葉が少し開き、6 時には完全に開きます。いずれも就眠運動は約 1.5 時間をかけたゆっくりした運動です。

写真 4-10　ネムノキの就眠運動
左側から午後 4：30、5：00、5：50。2018 年 10 月 28 日、室温　約 22℃。

（4）　コミカンソウの就眠物質および覚醒物質

　コミカンソウ（*Phyllanthus urinaria* L.）は古くはトウダイグサ科に属していましたが、現在は独立してコミカンソウ科になっています（写真 4-3）。マメ科植物と同じ分離操作により、D-グルコースと結合した就眠物質（フィランツリノラクトン［→ p.194］）と覚醒物質（フィルリン［→ p.195］）をペアで分離することができました。

　これまで見てきたように、植物の種が異なると就眠・覚醒両物質は異なり、従来の定説を否定し、ウムラトらの説を実験的に支持するものです。また、植物によってはカルボン酸塩の陽イオン（K^+, Mg^{2+}, Ca^{2+} など）が活性に大変重要です。

　他方、共通点は、どの植物も、就眠・覚醒両物質のうち、一方は必ず D-グルコースと結合した化合物である、ということです。

5.　化学の目で見る就眠運動の仕組み

（1）　体内時計によって調節される就眠・覚醒両物質の相対的濃度変化

　葉の開閉運動は、体内時計により調節される 24 時間周期の運動です。化学の目で見ると、体内で何が起きているのでしょうか。

　昼間と夜間でそれぞれ採集した植物のメタノール抽出物について活性試験を行いました。どの植物についても、昼間の抽出物は夜間でも葉を開かせます。逆に、夜間の抽出物は昼間でも葉を閉じさせます。このことから、葉を開かせる物質と閉じさせる物質の含量の相対比が昼夜で逆転していることがわかります。

　次に、就眠・覚醒両物質の含量をそれぞれ、24 時間にわたり測定しますと、コミカンソウのように、D-グルコースと結合した就眠物質の場合には、就眠物質の濃度が早朝に急減し、夕方に急増するのに対して、覚醒物質の含量は 24 時間を通してほぼ一定であることがわかりました。したがって、コミカンソウでは、就眠物質の濃度変化で就眠が調節されているということです。

　他方、メドハギのように覚醒物質（LO）が D-グルコースと結合している場合には、就眠物質（LC）の含量はほぼ一定です。メドハギについて言えば、図 4-2 に示しましたように、昼間は覚醒物質の含量が就眠物質のそれに比べて多いので、シーソーは右側に傾いていますが、夕方体内時計の指令により酵素 E_1（化合物から D-グルコースを切り離す酵素）が一時的に働き、その結果、非活性なアグリコンの量が急増すると覚醒物質の量がその分だけ減少してシーソーは左側に傾き、葉が閉じます。一方、早朝、再びアグリコンが D-グルコースと結合すると覚醒物質が増量し、シーソーは再び右側に傾き、葉が開きます。図 4-2 に就眠運動の全体像を示しました。コミカンソウのように、就眠物質が D-グルコースと結合している場合、図 4-2 を参考にして考えてみてください。

　いずれにしても、体内時計により 24 時間周期で夕方または早朝に短時間 D-グルコースを切り離す酵素（E_1）が活性化されます。さらに、12 時間おくれで再びアグリコンに D-グルコースが結合して元に戻り〔2 種類の酵素（E_2、E_3）が連携〕、24 時間サイクルの葉の開閉運動が成立します。

（2）　就眠・覚醒両物質が作用する標的細胞

　図 4-2 において、就眠・覚醒両物質が運動細胞に直接働くのか、間接的に働いて運動細胞の収縮が起きるのかは明確ではありません。

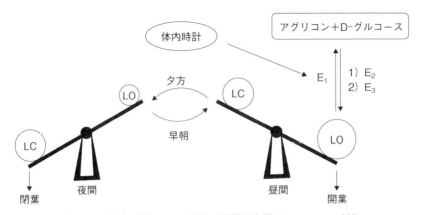

図 4-2　体内時計による就眠・覚醒両物質のシーソーの制御

LO（覚醒物質：D- グルコースと結合している化合物）：夜間と昼間で含量が変化します。

LC（就眠物質）：夜間と昼間で濃度変化はほとんど認められません。

アグリコン：一般に、糖と結合している化合物から糖部分を除いた化合物。

E₁（化合物から D- グルコースを切り離す酵素）：夕方、活性化されます。

E₂（D- グルコースから UDP- グルコースをつくる酵素）：早朝、活性化されます。

E₃（アグリコンと UDP- グルコースから LO を作る酵素）：連続して活性化されます。

　そこで、"蛍光プローブ法"により、すなわち蛍光観測の可能な化合物を組み込んだ人工覚醒物質（D-ガラクトイソレスペデジン酸カリウム）を体内で追跡し、蛍光顕微鏡を透して観察しますと、蛍光物質は植物の葉枕のみに存在する運動細胞に集中していました。

　さらに、"光親和性標識法"により、親和性標識基（光を照射すると反応性の高い活性種を発生する）が結合した人工覚醒物質を用いると、人工覚醒物質が標的タンパク質（受容体）と安定な共有結合を形成し、受容体を取り出すことができました。ちょうど、鍵（覚醒物質の活性部位）と鍵穴（受容体）の関係に例えられます。もっと詳しく知りたい方は参考文献『天然物化学 – 植物編』（アイピーシー、2007 年、pp.88-96）をご参照いただきたい。

　なお、本実験により"ケミカルバイオロジー"について例示したことを付記しておきたいと思いますが、ここでは、有機合成の手法が大変重要です。

（3）　運動細胞の収縮について

　上記のように、体内時計による指令が、小さな分子（就眠・覚醒物質）を介して細胞内の原形質膜上の受容体に伝えられます。その後の情報伝達については未知な部分もありますが、タンニン液胞（カルシウムイオンの貯蔵場所）から流出あるいは流入するカルシウムイオン（Ca^{2+}）は直接または間接的に働いてカリウムイオン（K^+）チャネルのゲートを開き、K^+イオンの細胞内から細胞外への流出またはその逆が起きます。それに連動して塩素イオンと水がそれぞれ独自のチャネル（管）を使って移動します。カリウムイオン（K^+）が細胞外から細胞内に移動し、同時に多量の水が入り、細胞内の水の膨圧が上昇して葉が開き、逆の場合には葉が閉じることもわかっています。詳細な運動細胞内の仕組みについて解明される日もそう遠くはないと期待しています。

　なお、2003 年、“細胞膜に存在するチャネルに関する発見”に貢献したとして、ノーベル化学賞が米国の科学者 P. アグレ〔P. Agre：水チャネル（アクアポリン）の発見〕と R. マキノン〔R. MacKinnon：イオンチャネル（K^+イオンチャネルなど）の構造および機構の研究〕に授与されました。

　筆者らの運動細胞にも関連しますが、マキノンらによりますと、Ca^{2+}イオンが K^+イオンチャネルのゲートを開くのに大変重要な役目を果たしていること、また、チャネルはタンパク質でつくられているので形を変えることにより K^+イオンが同じチャネルを使って流入・流出することなど興味は尽きません。

6.　植物は、なぜ眠るのか

　ダーウィンは、葉を物理的に閉じないようにして葉の様子を観察し「葉が閉じるのは、夜間の低温から自身を守るため」といっています。また、生物時計の権威、ドイツのビュンニング（E. Bünning）は、「月光による体内時計のリセットを防ぐため」といっています。イギリスのサイモンズは自著“The Action Plant”（1992 年）の中で、おそらく、ビュンニングとダーウィンは両方とも正しい、と記述していますが、問題点も残っています。

写真 4-11　人工覚醒物質による開葉効果
午後 9 時に測定。左側から 1 日目、4 日目、14 日目、右側はコントロール。

　そこで、筆者らは、D-グルコースの結合を切り離す酵素が機能しない人工覚醒物質（D-ガラクトイソレスペデジン酸カリウム：D-グルコースを D-ガラクトースに変えた化合物）を用いて“不眠症”になった植物の葉柄を観察しますと、葉が次第に枯れていき、ほぼ 2 週間で完全に枯死しました（写真 4-11）。

　一般に、植物の膨圧は、気孔の開閉と葉の表面のクチクラ蒸散によって制御されています。不眠症の植物においても、概日リズムに従って、気孔は夜間に閉じ、昼間は開いています。したがって、就眠運動は気孔の開閉運動とは無関係で、表面からのクチクラ蒸散量を減少させることで、水分のコントロールに寄与しているものと考えられます。「植物は、なぜ眠るのか」について一つの答えをだすことができました。しかし、体内時計からの情報が、どのようなプロセスを経て酵素を活性化するのかはわかっていません。残された最重要課題の一つです。

　表 4-1 に示したように、1729 年、フランスのジョン・ド・メラン（J. De Marian）は、オジギソウが体内に約 24 時間周期の時計を持っていることを発表しました。それ以降、生物の体内時計について多種多様な研究がなされてきましたが、化学物質のレベルで体内時計を理解するには、分子生物学の手法が必須です。

　2018 年、ショウジョウバエの体内時計が 3 個の異なった時計遺伝子から構成されることを解明し、"概日リズムを制御する分子メカニズムの発見"に貢献したとして、ノーベル生理学・医学賞が 3 名の米国科学者に授与されました。

　オジギソウなど就眠植物の体内時計に関する研究も、東北大学の上田らにより精力的に進められています。

　なお、歴史的に、同大学理学部（現　大学院理学研究科）生物学科の柴岡孝雄先生が日本で初めて電気生理学的手法を用いてオジギソウの運動を研究され、数々の新しい知見が得られたことを考えますと、何か見えない糸で上田らの研究とつながっているように思われます。

7.　お わ り に

　2008 年、ダーウィン展が国立博物館で開催されました。直筆のスケッチ「生物進化の系統樹」を見たときには、大変感動しました。彼の研究発表がミミズに始まり、ミミズで終わっているのも「進化論」と無縁ではありません。"ミミズとダーウィン"というだけで、なんともユーモラスな話ではありませんか。

　ダーウィンは自伝で、「科学に対する愛好心と、何事もいつまでも考え続ける忍耐力と行動力が大切だ」と述べています。彼の「科学に対する…」の科学のかわりに、音楽、書道、囲碁・将棋、スポーツ、何でもあります。

　また、同郷の漂泊の俳人、山頭火は「分け入っても　分け入っても　青い山」と詠んでいます。苦難の旅の中に素晴らしい詩句が生まれました。その要因は自然や多くの人々との出会いにあったと思われます。

　筆者が、平田義正、中西香爾両先生（名古屋大学）に巡り合えたことは、大変幸運でした。また、優れた共同研究者と学生にも恵まれました。特に、オジギソウおよび就眠植物の研究では、上田実博士（現　東北大学教授）および志津里芳一博士（前　マリンバイオテクノロジー研究所副所長）の多大な貢献に負う所が大きい。記して、本章を閉じたいと思います。

参考文献

チャールズ・ダーウィン、渡辺仁訳『植物の運動力』森北出版、1987 年

清水清『植物の運動』ニュー・サイエンス社、1979 年、pp.21-24、36-66

高原正裕・神澤信行「葉の開閉運動のしくみ」植物生理化学会編集、長谷川宏司監修『植物の知恵とわたしたち』大学教育出版、2017 年、pp.75-91

ポール・サイモンズ著、柴岡孝雄・西崎裕一郎訳『動く植物 — 植物生理学』八坂書房、1996 年

柴岡孝雄『動く植物』東京大学出版会、1981 年、pp.34-57

山村庄亮・志津里芳一・三義英一「就眠運動を支配する活性物質」高橋信孝編『植物の生活環調節機構の動的解析』文部省研究成果報告書編集委員会、1990 年、pp.92-112

上田実・高田晃・山村庄亮「葉の開閉運動」山村庄亮・長谷川宏司編著『動く植物 — その謎解き —』大学教育出版、2002 年、pp.119-134

上田実「就眠運動」山村庄亮・長谷川宏司編著『天然物化学 — 植物編』アイピーシー、2007 年、pp.88-96

第 **5** 章
アレロパシー

1. はじめに

　ここまでの章では、植物と自然環境（光、重力、気温など）とのコミュニケーションについて、それぞれの分野で一時代を築いたレジェンドと呼ばれる科学者によって解説されてきました。本章では、ある植物とその周りに生息する生物、特に他の植物とのコミュニケーションについて考えてみたいと思います。なお、動物や昆虫などによる食害や病原菌の侵入から身を守る植物の応答については、『植物の多次元コミュニケーション』（長谷川宏司・広瀬克利・井上進、2019 年）をご参照ください。

　植物が食物連鎖の起点となる生産者として位置付けられていることは、読者の皆さんもよくご存知のことだと思います。ヒトをはじめとする動物は消費者として、また微生物は分解者として、食物連鎖に位置付けられ、植物の恩恵を 被 っています。植物の行う光合成（第 1 章を参照してください）では、地球温暖化の原因となる空気中の二酸化炭素を吸収し、生物が呼吸をする上で必要な酸素を空気中に放出するほか、動物の食料となるブドウ糖を生産するなど、自然界で非常に重要な役割を演じています。

　植物は、動物と異なり、自らの意思で生活の場を変えることができません。人間の生活に置き換えてみれば、先祖代々の土地で生活し続けているようなものです。ただし植物も、自身の種子がヒトの手によって持ち運ばれることや、国家間で取引される飼料などに混ざることもあり、思いもよらぬ形で生活

の場を変えることがあります。人間の生活で言えば、引っ越しのようなものです。このため植物は、人間が近所の方々と仲良くしているように、自身の置かれた環境でほかの種類の植物や動物などと友好的なコミュニケーションを取りつつ生活を営むことが多々ありますが、ときには生死をかけた競争的なコミュニケーションを取らざるを得ない状況になってしまうこともあります。

　そこで本章では、ある植物とその周りに生息する他の植物とのコミュニケーションについて解説したいと思います。

2. アレロパシーとは何か

　アレロパシーという言葉は、ウィーン大学の総長を務めたオーストリア人の植物学者ハンス・モーリッシュ（Hans Molisch）（1856 ～ 1937 年）（写真5-1）が「微生物を含む植物から分泌・放出される化学物質が、他の植物に対して何らかの影響を与える現象」を「allelo（相互の）」と「pathy（感ずる）」の造語で「allelopathy（アレロパシー）」と 1937 年に亡くなる直前にドイツ語で執筆した著書 "Der Einfluss einer Pflanze auf die andere: Allelopathie" の中で初めて定義しました。この定義の中の「他の植物に対して何らかの影響を与える現象」とは、「他の植物に対して阻害的もしくは促進的な影響を与える現象」を意味しています。モーリッシュは、1922 年から 1925 年までの間、東北帝国大学（現在の東北大学）理学部生物学科に植物学担当の外国人教師として在職しており日本にも所縁があります。その後、オクラホマ大学のエルロイ・ライス（Elroy L. Rice）が 1974 年に英語で執筆した "Allelopathy" の中で、「阻害的な影響を与える現象」に

写真 5-1　ハンス・モーリッシュ
（東北大学史料館蔵）

限った定義としましたが、その後、彼自身がこの本を1984年に改訂し、その
中では「阻害的もしくは促進的な影響を与える現象」とモーリッシュと同様の
定義としました。さらに、1996年に開催された国際アレロパシー会議におい
て、「微生物を含む植物や動物から同一個体外に放出された物質が、同種を含
む他の生物個体に何らかの作用や変化を引き起こす現象」と幅広く再定義され
ました（図5-1）。また、アレロパシーを引き起こす物質はアレロパシー物質
（アレロケミカルズ）と総称されます。日本語では、アレロパシーを「他感作
用」、またアレロパシー物質を「他感物質」と訳されています。

　アレロパシーという言葉が生まれ、その意味が定義されたのは1937年です
が、現象自体は古くから観察されています。紀元前300〜400年頃、古代ギ
リシャの著名な哲学者プラトンの弟子であり植物学の祖ともいわれるテオフラ
ストスは、著書『植物学』の中で、ヒヨコマメが雑草であるハマビシの成長を
阻害することを記述しています。また、古代ローマの博物学者である大プリニ
ウスは、77年頃に完成した著書『博物学』の中で、クログルミが樹下の植物
の成長を阻害することを記述しています。このように、作物や樹木とその近辺
に生育する雑草との関係は、古代ギリシャや古代ローマの時代から詳しく調べ
られてきました。日本でも、江戸時代前期の儒学者である熊沢蕃山は、1687
年頃に完成した著書『大学或問』で、アカマツが樹下の植物の成長を阻害する

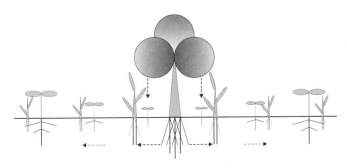

図5-1　アレロパシーの概念図

中央の植物からアレロケミカルが分泌・放出され、周りの植物の成長が影響を受けます。
の成長は、中央の植物に近いほど阻害されます。の成長は、中央の植物に近いほど促
進されます。

ことを記述しています。また、同時代の農学者である宮崎安貞は、1697年頃に完成した著書『農業全書』の中で、ソバが雑草の成長を阻害することを記述しています。

　筆者が筑波大学大学院修士課程の学生だったとき、長谷川宏司（本書の監修者）研究グループに所属していました。東北大学で学会が開催された際に、長谷川先生が実験していたという実験室とモーリッシュが実験していたという実験室を見学する機会に恵まれました。これらの実験室が入っていた赤レンガ造りの重厚な地上2階・地下1階の建物は残っていましたが、東北大学の研究科は青葉山に転居し、放送大学が利用しており、モーリッシュの実験室は卓球場となっていました（写真5-2）。そのため、残念ながら昔の面影は見ることができませんでしたが、今思えばその後の筆者の研究テーマにつながる不思議な縁がそのとき湧き出していたのかもしれません。

　筆者の修士課程の研究テーマは、光屈性（第2章を参照してください）のメカニズムを説明できる実験として高校生物の教科書にも掲載されているボイセン・イェンセンらの実験の検証でした。詳細な検証実験の結果、彼らの実験には重大なミスがあることを明らかにし、学会で賞が授与されるなど、国内外から高い評価を得ました。

写真 5-2　ハンス・モーリッシュ博士の実験室
（東北大学史料館蔵）

　博士課程では、アレロパシー物質に関する研究テーマに取り組むことになり、田んぼの畔（あぜ）などで雑草に対する阻害的なアレロパシーが観察されているものの、そのメカニズムが明らかになっていないヒガンバナを実験材料として選定しました。しかし、研究協力者から大量のヒガンバナの球根を送ってもらい研究を始めようとしていたとき、農業環境技術研究所の藤井義晴研究グループですでにヒガンバナのアレロパシー物質の探索を開始していることが判明し、代わりに藤井からインドやサウジアラビアで現地の人々の主食であるトウジンビエやバミューダグラスなどの植物に対するアレロパシーが観察されている樹木のメスキートを紹介され、さらに植物材料を提供していただき研究を始めることになりました。

　筆者は、論文「マメ科植物メスキート（*Prosopis juliflora*（Sw.）DC.）の他感作用物質」で筑波大学から博士号が授与された後、現在の国立研究開発法人農業・食品産業技術総合研究機構で職を得、現在、イネ、コムギ、オオムギといった穀類の収量や品質の向上を目指した研究テーマに、作物学、遺伝学、天然物化学などの手法を活用して取り組んでいます。

3.　アレロパシーの研究例

　ここでは、植物が周りに生育する他種の植物の成長を阻害する物質を放出して自身の生活環境を守るという「阻害的アレロパシー」と、植物が周りに生育する他種の植物の成長を促進する物質を放出して周囲の植物と友好的な環境を築くという「促進的アレロパシー」について紹介したいと思います。

（1）　阻害的アレロパシー

　1）　アカマツのアレロパシー

　アカマツは、マツ科の樹木で樹皮が赤く、日本の本州、九州や、四国のほか、中国や朝鮮半島に広く分布しています（写真5-3）。古代ローマの博物学者である大プリニウスは、77年頃に完成した著書『博物学』の中で、マツが樹下の植物の成長を阻害すると述べています。アカマツは、針葉樹で広葉樹に

写真 5-3　アカマツ
右の写真はアカマツの根と松かさ（⇩は松かさ）

比べると、日光が樹下にまで届きます。しかし、樹下に生育する植物は、ほかの樹種に比べると少なくなっています。読者の皆さんも、自分の家の近所に植わっているアカマツの樹下を観察してみてください。

　韓国の慶熙大学校の李一球と東京大学の門司正三は、アカマツ林でよく見られる植物を選定した後、アカマツの生葉、落葉や、根を冷水と熱水で抽出して、その抽出液がアカマツ林であまり見られないホソアオゲイトウとコダチノニワフジの種子の発芽に及ぼす影響を調べました。この実験で抽出する水の温度を変えたのは、温度によって抽出される物質が違ってくるからです。身近な例では、水出しコーヒーは、通常の熱湯で抽出したコーヒーに比べて、カフェインが少なくなっています。この実験の結果、アカマツの生葉、落葉や、根の熱水抽出液は、水抽出液に比べ、ホソアオゲイトウとコダチノニワフジの種子の発芽を強く阻害することがわかりました。また、アカマツの樹下の土がホソアオゲイトウやアカマツ自身の種子の発芽に及ぼす影響も調べたところ、この土がホソアオゲイトウの種子の発芽を阻害することがわかりました。またおもしろいことに、アカマツ自身の種子の発芽は阻害しない、むしろ、発芽を促進する傾向が観察されました。さらに、アカマツの抽出液とアカマツ樹下の土壌

抽出物から植物への成長阻害活性が知られている *p*- クマル酸 ［→ p.195］ を検出することに成功しました。

　また、長谷川研究グループでは、これまでにまったく調べられていなかったアカマツの樹下に落ちている松かさの多少と植物の生育量との関係を観察してみたところ、松かさの量が多いほど樹下の植物の生育量が少ないことを見いだしました。そこで彼らは、松かさを室温の水で抽出し、その抽出液がオオイヌノフグリとレタスの幼植物の成長に及ぼす影響を調べたところ、これらの幼植物の茎と根の成長を阻害することがわかりました。したがって、アカマツは、生葉、落葉、根や、松かさから *p*- クマル酸などのアレロパシー物質を土壌中に分泌・放出することで、周りの植物の成長を阻害し、自身のテリトリーを確保しているのではないかと考えられています。

　2）　クログルミのアレロパシー

　クログルミ（*Juglans nigra*）は、クルミ科の樹木で、北アメリカに分布しています。大プリニウスは、「博物学」の中で、マツと同様にクルミが樹下の植物の成長を阻害すると述べています。大プリニウスの観察からおよそ18世紀経った1881年に、クログルミの樹下には植物が少ないことが観察され、その原因はクログルミが分泌・放出する植物の成長を阻害する活性を持った物質によるのではないかと考えられました。さらに、その後およそ半世紀経った1925年に、クログルミの周りでは、トマトやアルファルファの成長が阻害されることが見いだされ、この現象の原因物質、つまり、アレロパシー物質がユグロン（juglone）［→ p.195］か、その関連物質であろうと推察されました。話が少し逸れますが、このユグロンという物質の名前は、クログルミの学名に由来しています。通常、自然界に存在する動植物から新しい物質を見つけると、その動植物の名前と物質の特徴を基に物質の名前を付けるのが恒例となっています。

　実際に、ユグロンはトマトやアルファルファの成長を強く阻害することがわかっています。しかしおもしろいことに、ユグロンはクログルミの体内では毒性を発揮しない形になって存在し、体外に分泌・放出されると土壌微生物の作用などで強い毒性を持つユグロンに形を変えることがわかっています。こういった微生物をも巻き込んだ知恵により、クログルミは自身の成長にアレロパ

シー物質の害を及ばさずに、自身の身を危険にさらす周りの植物に対して害が及ぶ仕組みを作り上げ、テリトリーを確保しているのはないかと考えられています。なお、日本で実を食用にしているオニグルミのアレロパシー物質も、ユグロンであるとされています。

　3)　ヒガンバナのアレロパシー

　ヒガンバナ（写真5-4）は、日本の本州、九州や、四国のほか、中国や朝鮮半島に広く分布しています。秋の彼岸に赤い花を付け、曼珠沙華（まんじゅしゃげ）とも呼ばれています。曼珠沙華とは、古代インドなどで使われていたサンスクリッド語で、天上に咲く花といった意味があるそうです。読者の皆さんも、田んぼの畦で見かけたことがあるのではないでしょうか。

写真5-4　ヒガンバナ
手前がヒガンバナで奥がイネ。ヒガンバナは田んぼの畦等に生息しています。
（藤井義晴博士提供）

　田んぼの畦は、イネを栽培するために水を溜めておくように作られていますが、モグラやネズミの穴を通じて外に水が流れ出てしまうことがあります。ヒガンバナの植わっている畦には、モグラやネズミの穴が少ないといった植物対動物のアレロパシーが観察されており、この現象には球根に含まれるリコリン［→ p.195］という毒物が関与していると考えられています。球根には、でんぷんが多く含まれるため、昔は飢餓の際にリコリンを水で洗い流して食用にしていたこともありますが、リコリンが残っていると激しい嘔吐や下痢を引き起こしてしまいます。このため、ヒガンバナが作り出すリコリンが蓄積している畦は、モグラやネズミにとって生息し難い環境になっているという訳です。

　ヒガンバナの他の植物に対するアレロパシーは、古くから観察されてきました。そこで四国学院大学の高橋道彦は、ヒガンバナの球根を植えた鉢と植えなかった鉢を2年間にわたって観察し続けたところ、球根を植えた鉢の雑草量は植えなかった鉢に比べて遥か（はる）に少なくなることを見いだしました。さらに

藤井研究グループでは、リコリンがヒガンバナのアレロパシー物質であるとともに、セイタカアワダチソウなどのキク科植物の成長を阻害するが、イネなどのイネ科植物の成長は阻害しないことも明らかにしました。米を作る農家は、ヒガンバナのモグラやネズミの穴を作らせない、また、雑草の成長を阻害するが、イネの成長は阻害しない、さらには、飢餓のときの非常食となるといった長所を実にうまく伝承・利用してきたのだと感心せざるを得ません。

　4）ヘアリーベッチ

　ヘアリーベッチは、ヨーロッパや西アジアが原産のマメ科の牧草として利用されている植物です。藤井研究グループでは、ヘアリーベッチが植物の成長を阻害する強いアレロパシー活性を持つことを見いだし、アレロパシー物質としてシアナミド［→ p.195］を単離・同定（植物体に含まれる多数の物質を分離・精製して単一の物質とし、その物質の化学構造を解明）することに成功しました。ヘアリーベッチは、秋に播くと春に開花して初夏には枯れるため、果樹園のほか、マメ科植物のレンゲに代わる緑肥として水田への導入も進んでいます（写真5-5）。

写真 5-5　マメ科植物のヘアリーベッチ
ヘアリーベッチは果樹園の雑草管理に利用されています。
（藤井義晴博士提供）

　5）メスキート

　メスキート（写真5-6）は、落葉または常緑のマメ科の亜高木で、アジア、アフリカや、北アメリカ等に分布しています。成長が早く耐塩性や耐乾性があるため、防風林の利用を目的に乾燥地帯を中心に導入されてきまし

写真 5-6　マメ科植物のメスキート
メスキートはインドやサウジアラビアで周りの植物の成長を阻害するといったアレロパシーが観察されています。
（藤井義晴博士提供）

た。しかし、メスキートを導入した多くの地域では、在来の植物や穀物の成長が阻害されるといった問題が顕在化し、生態系の攪乱要因となっています。例えば、インドでは現地の人々の主食であるトウジンビエの成長を阻害し、また、サウジアラビアではバミューダグラスの成長を阻害するといったアレロパシーが観察されています。しかし、この植物の葉、根や、果実の抽出物が他の植物の成長を阻害することは明らかになっていましたが、アレロパシー物質の正体は長らく明らかになっていませんでした。

先に述べたように筆者は、アレロパシー活性が強い植物としてメスキートを紹介され、研究を始めることになりました。筆者がアレロパシーに深く関わるようになった研究ですので詳しく解説させていただきます。

まず、メスキートのアレロパシーの仕組みを研究するにあたり、どのような手順で研究すべきか考えてみました。その初めに、野外で観察されているメスキートのアレロパシーを実験室レベルで再現し、この現象に関与する原因物質を明らかにしようとしました。まず、寒天を入れた腰高シャーレの中心にメスキートの葉を挿入し、葉の周りの寒天上に検定植物として成長が揃いやすいレタスを同心円状に播種しました（図5-2）。その数日後、シャーレを見てみると、特にレタスの根の成長がメスキートの葉に近いほど強く阻害されていました。つまり、野外で観察されているアレロパシーを実験室レベルで再現でき、この現象に葉から浸出する成長阻害物質が関与していることが示唆されました。また、野外で観察されている現象でも、葉が重要な役割を果たしている可能性が高いことがわかりました。

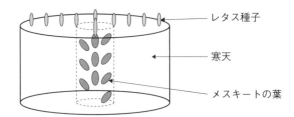

図5-2　メスキートのアレロパシーの実験室における再現実験の様子
寒天を入れた腰高シャーレの中心にメスキートの葉を挿入し、葉の周りの寒天上に検定植物としてレタスを同心円状に播種しました。

　次に、実験室レベルで再現した現象の原因物質を明らかにすることにしました。メスキートの葉を水に浸した液に含まれる植物成長阻害物質を、レタスとイヌビエの根に対する成長阻害活性を指標にして探索しました。イヌビエは、インドでメスキートによる成長阻害を受けているトウジンビエの仲間の植物ですので、検定植物として使いました。メスキートの葉の水浸出液を減圧下で濃縮した後、この濃縮物の精製を繰り返して3つの成長阻害物質（L-トリプトファン [→ p.195]、シリンジンおよび（−）-ラリシレジノール）の単離・同定に成功しました。これらの物質の中では、L-トリプトファンがレタスとイヌビエの根に対して最も強い阻害活性を示し、実験室レベルで再現した現象への寄与率が最も高いことがわかりました。なお、L-トリプトファンはヒトの体を作るタンパク質の基となるアミノ酸の一種で、その中でもヒトが体内で合成できない必須アミノ酸です。

　さらに、L-トリプトファンのメスキートからの分泌・放出経路を明らかにすることにしました。L-トリプトファンを葉の水浸出液から単離しましたので、この物質の放出経路は地上部からの雨、霧や、露等による浸出である可能性が高いと考えました。そこで、メスキートの葉からL-トリプトファンがアレロパシー活性を示すかどうかを明らかにするために、地上部に自然条件下の降雨に近い形で水をスプレーして得られた浸出液のレタスとイヌビエに対する成長阻害活性と浸出液

図5-3　メスキートのアレロケミカルの分泌・放出経路を特定する実験の様子
植物体の地上部に水をスプレーして下のシャーレに得られた浸出液のレタスとイヌビエに対する成長阻害活性と浸出液中のL-トリプトファンの量を調べました。

中のL－トリプトファンの量を調べました（図5-3）。その結果、レタスとイヌ
ビエの成長阻害を示すのに十分な量のL－トリプトファンが浸出液中に含まれ
ていることが明らかになりました。

　これらのことから、メスキートのアレロパシーは雨、霧や、露等によって
葉からL－トリプトファンがアレロパシー物質として地面に落花し、その結
果、自身のテリトリーに侵入するさまざまな植物の生育を阻害し、自身の生命
の維持を図っていることが示唆されました。

　このほか、メスキートの葉のメタノール抽出液を減圧下で濃縮した後、こ
の濃縮物の精製を繰り返して３つの新規の植物成長阻害物質（3'''''－オクソ－
ジュリプロソピン、セコジュリプロソピナールおよび3－オクソ－ジュリプロ
シンと3'－オクソ－ジュリプロシンの１：１の混合物）を単離または分離する
ことに成功しました。これらの物質は、水に溶けにくいため、落葉した際等に
土壌中に分泌・放出される可能性が十分にあると考えられます。今後の研究の
進展が期待されています。

（２）　促進的アレロパシー
　１）　ガーデンクレス
　長谷川研究グループでは、1990年代初めにスプラウトとして利用されてい
るアブラナ科の野菜のガーデンクレス、観賞用や食用として利用されているヒ
ユ科の植物のヒモゲイトウ、日常的に皆さんが食べている野菜のトマトやレタ
ス等の種子の中から２種類ずつ選定し、それらをシャーレの中で育て、特に、
それぞれの種子の発芽過程が相手植物の成長に及ぼす影響を調べました。その
結果、ガーデンクレスがヒモゲイトウの芽生えの成長を顕著に早めるといった
促進的アレロパシーを発見しました。また、ヒモゲイトウの幼植物をガーデン
クレスの種子から等間隔に寒天上に植え付けると、ヒモゲイトウの地上部の成
長がクレスに近いほど促進されるといった現象も観察しました（写真5-7）。
そこで、ガーデンクレスの種子からの分泌物を大量に集め、その中に含まれる
植物成長促進物質を探索したところ、レピジモイド［→ p.195］という新規物
質を単離・同定することに成功しました。さらに、レピジモイドが植物の成長

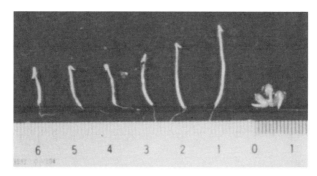

写真 5-7　周りの植物の成長を促進する力のあるアブラナ科植物のガーデンクレス
寒天上にガーデンクレス（右端）の種子を播き、ヒモゲイトウ（右端を除く 6 つの植物体）
は 2 日令の芽生えを植えこんだ後、3 日間暗所に置きました。ヒモゲイトウはガーデンク
レスとの距離が近いほど成長が良くなり、ガーデンクレスから分泌されるレピジモイドの
量によってヒモゲイトウの成長が促進されることがわかりました。
（長谷川宏司博士提供）

写真 5-8　レピジモイドがアブラナ科植物のシロイヌナズナの成長に及ぼす影響
左側の写真は播種後 10 日の植物体、右側の写真は播種後 30 日の植物体（上段がコントロー
ル、下段がレピジモイド処理）。
（後藤伸治博士提供）

に及ぼす影響を詳細に調べたところ、クロロフィル含量や葉面積の増加に効果
があることを明らかにしました（写真5-8）。このためレピジモイドは、植物
工場での野菜の栽培等への利用が期待されています。

　2）　コナギ
　コナギは、ミズアオイ科の田んぼの雑草で、繁茂すると本来イネが吸収す
るはずであった養分を吸収してしまい、米の収量低下を引き起こします（写真

5-9)。宇都宮大学の竹内研究グループ
では、1990年代初めにコナギとイネと
を同じポットに播くと、コナギの出芽
が早まるといった促進的アレロパシー
を見いだしました。そこで、コナギの
発芽を早める物質について調べたとこ
ろ、イネ種子の籾殻やヌカに含まれて
いることがわかりました。さらに、こ
の現象の解明を試みた結果、アミノ酸

写真5-9 田んぼで生育しているコナギ
（大段秀記博士提供）

類とリン酸の組み合わせに加え、特定の微生物が関与することを明らかにしま
した。また、コナギの出芽は、アンモニア態窒素や尿素によっても促進される
そうです。田んぼでは、籾殻の付いたイネの苗を田植えしますし、また窒素や
リン酸を含んだ肥料も散布します。したがって、コナギの立場から見ると、田
植えはイネとの養分競争の号砲ともいえるものなのでしょう。

4. 農業をはじめとする産業に利用し得る植物由来の物質を求めて

　多くの研究分野では、新規性や実用性を持った研究成果が高く評価され、
その論文はインパクトの高い（数多くの研究者が読む）学術雑誌に掲載されま
す。また、こういった研究成果は、論文だけでなく特許を出願・登録できるた
め、成果を実社会で活用していくことを考慮すると、成果をいち早く出すこと
が非常に重要になってきます。このため、ときには熾烈な競争を、しかも、国
内外を問わず行うこともあります。こう述べてしまうと読者の皆さんに否定的
な印象を与えてしまいますが、海外の研究者と競争を行う機会に恵まれること
があるともいえます。例えば、日本のスポーツ選手は、都道府県や市町村の大
会、全国大会、アジア大会といった順に優秀な成績を収めないとワールドカッ
プの出場権は得られません。しかし研究者は、研究の場がどこにあろうとも、
それまでの研究成果の多寡、スポーツ選手で言えば大会結果でしょうか、に関
わらず常に自国外の研究者とワールドカップ獲得を目指して競争することがで

きるのです。つまり、予選大会に出場することなく、ワールドカップに出場できるのです。またチーム編成は、研究者に任されています。つまり、日本の研究者は、国内の研究者としかチームを組むことができないといったことはなく、海外の研究者ともチームを組むことができるのです。

　ここで、筆者が日本を離れ、1年間アメリカ合衆国農務省農業研究局の客員研究員としてミシシッピー州のオックスフォードにある天然物利用研究ユニット（写真5-10）の化学者チャールズ・カントレルと研究していたときのことについて紹介します。

　カントレル研究グループでは、カザフスタン在来植物の抽出物のコレクションを多数保管しており、その抽出物に含まれる有用な物質の探索研究を

写真5-10　アメリカ合衆国農務省農業研究局の天然物利用研究ユニットが入る建物
ミシシッピー大学薬学部の研究室も同じ建物に入っています。

写真5-11　キク科植物のヒゴタイ

行っていました。筆者らは、カザフスタン在来植物のキク科のヒゴタイ（写真5-11）に含まれる産業上利用可能な物質の探索研究を行うことにしました。

　日本では、カザフスタンのヒゴタイとは多少異なりますが、似たような種類のヒゴダイが熊本県等で自生していたことから、熊本の旧国名「肥後（ひご）」を取って名付けられたと考えられています。ヒゴタイを実験材料に選んだ理由は、この植物がチオフェンという硫黄を化学構造中に持つさまざまな生理作用を持つ物質群を多く含むことが知られていたため、未知の有用な物質が発見されるのではないかと考えたからです。実験開始後しばらくは特段おもしろい物質を見つけられませんでしたが、数カ月経ってからチオフェンの一種できわめて珍しい新規物質エキプスアセチレンA［→p.196］を発見することに

成功しました。

　そこで、筆者らは、アメリカ農務省農業研究局のイエシロアリ研究ユニットに所属する研究者に、エキプスアセチレンＡのイエシロアリに対する毒性について調べてもらうことにしました。その結果、この物質がイエシロアリに対し強い毒性を持つことが明らかになりました。現在、この物質や関連の物質は殺虫剤としての利用が期待されています。ヒゴタイと同じキク科の植物マリーゴールドは、土壌中に存在する害虫である線虫の成長を阻害することが知られており、作物を栽培する前にマリーゴールドを栽培して線虫を防除するといった技術が作物の生産現場で導入されています。α-テルチオフェンというエキプスアセチレンＡの部分的な化学構造を持つ物質を根から分泌・放出し、その物質の効果によって線虫の成長が阻害されることが明らかになっています。このため、自然界においても、ヒゴタイはマリーゴールドと同様に、線虫等の害虫の成長を阻害している可能性があり、この植物自体の農業への利用も期待されています。

　アメリカ南部ではナマズの養殖が一大産業となっており、ミシシッピー川流域には大規模な養殖場が広がっています（写真5-12）。泥臭いためか嫌いな人も多いようですが、ムニエルや唐揚げにして食べると非常に柔らかくおいしいものです。話は脱線しますが、日本の子どもたちに人気のザリガニは、アメリカ南部ではスパイシーな味付けで茹でると、ビールにとてもよく合うつまみになります。筆者は、アメリカ滞在中に日本ではザリガニがペットになっている事実をカントレルに教えると、彼が大変驚いていたのを思い出します。ナマズの話に戻りますが、アメリカ合衆国農務省農業研究局の南部地域の一部の研究者は、ナマズの安定生産に関わる研究に精力的に取り組んで

写真5-12　アメリカ合衆国農務省農業研究局の研究所内にある研究用のナマズ養殖池
アメリカ南部ではナマズの養殖が一大産業となっており、ミシシッピー川流域には大規模な養殖場が広がっています。

おり、天然物利用研究ユニットの生物学者ケビン・シュレイダーもその一人です。ナマズは、アメリカ南部地域における重要なタンパク源となっているのです。シュレイダー研究グループでは、カントレルの持っている抽出物のコレクションの中から、ナマズの病気を引き起こす細菌に強い毒性を示すタデ科の植物の抽出物を見いだしていました。しかし、これまでのシュレイダーとカントレルとの共同研究では、その原因物質の正体は明らかになっていませんでした。

　そこで、カントレルから興味があるならその原因物質の探索を行ってくれないかと依頼され、新たなテーマに挑戦してみることにしました。物質の分離・精製を筆者が担当し、細菌のバイオアッセイ（化学物質に対する生物の反応をみること）をシュレイダーが担当しました。バイオアッセイの結果を指標に物質の探索を行うと、場合によっては分離・精製過程において、その活性がなくなってしまうことや、活性を追うことはできても、化学構造を決めるのに必要な物質の量が不足してしまうことがあります。しかし幸運にも、この実験においては分離・精製過程で活性がなくなることや物質が不足してしまうこともなく、この活性の原因物質がクリソファノール、フィシオン、ネポジンおよびエモジンであることを突き止めました。

5.　どうして植物は特有の物質を蓄積するのか

　最後に、どうして植物は特有の物質を蓄積するのかについて、少し考えてみたいと思います。同じ種類の植物でも、遺伝上の変異を持つ個体は、それを持たない個体と異なる遺伝子を持つため、生体内の特定の化学反応に関与する酵素の働きなどが活発になり、その結果として特定の物質を蓄積するようになることがあります。もし、この物質の蓄積が与えられた環境の中で生育していく上で有利な場合には、その変異を持つ個体群が生き残り、逆に、不利な場合には、その変異を持つ個体群が淘汰されることになると考えられます。地球上に植物は28万種あるといわれていますが、種によって特定の物質を大量に蓄積している例は多数あり、その多くは生育していく上で何らかの役に立ってい

ると考えられています。

　今回、例として挙げたメスキートやヘアリーベッチは、マメ科の植物であり、空気中の窒素を体内に取り込む能力に長けているので、窒素を含む特有の植物成長阻害物質を蓄積・放出し、それが自らのテリトリーを広げるのに役立っていると考えられます。また、ヒゴタイやマリーゴールドといったキク科の植物は、硫黄を含む特有の虫に対する成長阻害物質を蓄積・放出し、それにより自らが虫に食べられるのを防いでいると考えられます。

　こうして考えると、自然に起こる突然変異や科学技術の進歩により、農業をはじめとする産業に役立つ人知を超えた物質の発見や、新たな画期的な品種の育成が今後とも続くのではないかと大いに期待できます。

6. おわりに

　本章では、筆者の学生時代の研究から今日に至るまでの研究内容をエピソードを交えて紹介してきました（写真5-13）。先に述べたように、研究者は世界中の研究者とチームを組んで研究を行うこともできるし、研究者間の競争を通じて研究を深化・発展させることもできます。また、研究の専門性を武器に海外で研究してもよいでしょう。そのほか、自身が携わった研究によって、人々の生活が変わる可能性があるといったことも、大きな醍醐味になります。本章を通じて研究の現場を見てみたくなった読者の皆さんは、研究所の一般公開などの催しに参加して、研究者の生の声を聞いてみてはいかがでしょうか。

写真5-13　農研機構九州沖縄農業研究センターにて実験を行っている筆者
九州沖縄農業研究センターは、九州の米どころである筑紫平野の中心にあります。

参考文献

長谷川宏司・広瀬克利・井上進・繁森英幸編『異文化コミュニケーションに学ぶグローバルマ
　　インド』大学教育出版、2014 年

藤井義晴『植物たちの静かな戦い ― 化学物質があやつる生存競争』化学同人、2016 年

藤井義晴『アレロパシー ― 他感物質の作用と利用』農文協、2000 年

山村庄亮・長谷川宏司編著『天然物化学 ― 植物編』アイピーシー、2007 年

K. G. Ramawat（eds.）（2010）Desert plants: biology and biotechnology. Springer.

第6章
植物の老化現象

1. はじめに

　生き物が生まれてから死ぬまでの時間はさまざまです。百年以上生きることができるウニやガラパゴスゾウガメがいる一方、ハツカネズミやモルモットは1年から数年で死んでしまいます。生き物が死を迎える時には老化現象と呼ばれる生理機能の低下がおこります。生物の老化現象は、世代交代にとって重要な意義をもつ生理現象の一つと考えられます。植物には、一年で世代を終える「一年生植物」と樹木などのように複数年にわたって生きることができる「多年生植物」があります。植物の老化を考える時、特に「多年生植物」の老化を考える時には、歳を重ねていく時に起こる「加齢現象」と、例えばその一枚の葉に見られる「老化現象」を分けて考える必要があるでしょう。紙面の都合上、本章では植物の老化現象と植物が老化している時に植物のからだの中でどのようなことが起こっているのかに焦点を絞って述べたいと思います。

2. 葉の黄変や紅葉

　秋になると、緑色の葉が黄色くなったり赤くなったりして最後は落葉します。冬に向かってすべての葉を落としてしまうこのような植物を「落葉樹」といいます。落葉は個体の生存にはとても重要な現象で、葉を落とすことによって個体（樹全体）を冬の寒さに耐えられるような状態にします。落葉樹の葉

は、寒い冬の間は堅い芽麟、すなわち冬芽をおおっている皮の中に保護され
ていて春の気温の上昇に伴って次々と大きく広がり緑色になります。やがて秋
に向かい、日が短くなり気温も下がってくると、葉はその色を緑色から黄色や
赤色に変化させます（写真6-1）。このように緑色から黄色や赤色に変化する
と、葉が歳を取っている、つまり老化していると理解することができます。水
銀灯などの街灯が設置されている場所では夜間も明るい状態が続きます。そう
するとその付近の木々の枝にある葉は黄色や赤色に変化せず、寒い冬でも細々
と緑色を保っています。街灯の付近では夏のように日が長い状態（長日状態）
が続き、秋のような日が短くなる状態（短日状態）ではなくなるため、葉の老
化が遅れることになります。

　私たちの目に葉の色が緑色に見えるのは、葉が光のエネルギーを利用して
デンプン（糖）を合成（光合成）する時に、そのエネルギーをとらえるための
物質であるクロロフィル（葉緑素）がたくさん葉の細胞の中に含まれていて、
太陽の光のうち、赤や青の光を吸収してしまい残った光だけが私たちの目に
入ってくるからです。虹が七色に見えることからわかるように、太陽の光は多
くの色の光が集まっている光です。歳を重ねるに従ってクロロフィルが徐々に
分解されていくと、葉の色はもともと葉に存在する色素やその後合成される色

写真6-1　サクラの黄変葉（左）と紅葉（右）

写真 6-2　イチョウの黄変葉（左）とカエデの紅葉（右）

素によって黄色や赤色に変化します。つまり植物の老化現象とは、クロロフィルが分解されて葉が緑色から黄色や赤色に変化することと理解すればよいでしょう。ところでイチョウのような植物の葉は黄色く色づき、最後には落葉します。カエデのような植物の葉は黄色に変化するだけではなく、紅葉となって落葉します（写真 6-2）。紅葉はクロロフィルの分解とともに、光合成の結果できた糖分が葉に蓄積され、紫外線や青色の光の影響でアントシアンという色素が作られることによって生じます。植物の種類によっては赤色の光によってもアントシアンが合成されます。わざと葉の一部に太陽光があたらないようにすると、その部分は黄色や薄い橙色となり赤くはなりません。写真 6-1 に示したサクラの黄変葉は、日照不足のため葉に糖分が十分に蓄積されなかったか、あるいは紅葉する前に落葉してしまったため葉の色は黄色のままです。カエデなどとは異なり、イチョウのような植物の葉はアントシアンを合成することができないので、紅葉することなく黄色のままで落葉します（写真 6-2）。

　植物は秋、すなわち短日や低温になってから老化するものばかりではありません。秋に稲刈りが終わった後の田んぼに麦が播かれると、麦は幼植物で冬を越し春に大きくなり、花が咲き実をつけると初夏の頃にいっせいに黄色く色づき、いわゆる麦秋を迎えます。従って植物の老化という現象は、日の長さや温度といった環境が変化することによって引き起こされるだけではなく、その植物に固有な遺伝情報（遺伝子）に基づいてコントロールされていることがわかります。また残念ながら私たちの目には直接見えませんが、植物が老化して

いくと一時的に呼吸（酸素の吸収や二酸化炭素の排出）が盛んになり、その後
死に向かって徐々に弱くなっていきます。葉の色の変化、すなわちクロロフィ
ルの分解に伴って植物の細胞の中のさまざまな物質、例えばタンパク質や糖
分、あるいは窒素などの量が減っていきます。そして老化の最後、つまり死の
前には多くの場合落葉や落果が起こります。落葉や落果が起こる場合のメカニ
ズムについては、本章の後半で詳しく述べることにします。

　冬になってもすべての葉を落とさない植物（常緑樹）があります。一見ツ
バキやキンモクセイなどの常緑樹の葉は黄色くなったり赤くなったりせず、い
つまでも葉が枝についているように思われますが、実はこれらの植物の葉にも
老化が見られます。ただ樹全体の葉がイチョウやカエデなどの落葉樹に見られ
るように時を同じくしていっせいに老化するのではなく、葉によって老化の時
期がそれぞれ異なり落葉するので、樹全体として見れば常に葉が存在している
ことになります。ユズリハのような植物では、その言葉どおりひとかたまりの
新しい葉が生まれてこれが一人前になる頃に古い葉がまとまって老化して落葉
します。常緑樹は寒い冬でも緑色の葉をつけていますが、これらの葉には冬の
低温でも凍らないように多くの糖分が蓄えられています。先に述べましたが、
落葉樹は冬の寒さに耐えるために老化した葉を樹や枝より切り離して自分自身
を守ろうとしています。

　温和な自然状態では多くの落葉樹は春に新芽を出し、葉は秋が深まるに
従って老化が進み、最後には落葉を迎えます。しかしながら植物が生育してい
る環境が、例えば予期せぬ急激な干ばつなどがやってきて急速、また劇的に変
化すると、一人前になる前の葉や果実などは緑色のまま落葉、落果してしまう
こともあります。あるいはカシの仲間やメタセコイアなどで見られるように、
その年に発達した葉が晩秋から冬に完全に枯れてしまってもなお植物体より脱
離せず、そのまま越冬し翌春新芽が出る頃になってようやく枯葉が1枚1枚と
落葉する植物もあります（写真6-3）。アコウなどの植物では、常緑樹と同じ
ように青々とした元気な葉を樹につけたまま冬を越しますが、翌年の早春の
頃（3月〜4月）にせっかく越冬させたすべての緑色の葉をいっせいに落とし
てしまいます。その直後に今度は急いで新芽を出し、再び緑色の葉を茂らせま

写真 6-3　メタセコイアの晩秋から冬の状態

褐色に変化した枯れ葉が落ちることなくそのまま樹についています。あたかも樹全体が枯れたようになります。春になり、新芽が動き始めると枯れた葉は落葉します。

写真 6-4　アコウの春期落葉

アコウは、常緑樹と同じように、青々とした元気な葉を樹につけたまま冬を越しますが（左）、翌年の早春の頃（3月〜4月）にせっかく越冬させたすべての緑色の葉をいっせいに落としてしまいます（右）。その直後に今度は急いで新芽を出し、再び緑色の葉を茂らせます。

す。このような春に起こる落葉は、春期落葉と呼ばれています（写真6-4）。常緑樹と同様に冬の寒さにも耐えた葉を、春にこのようにいっせいに落としてしまうのはどうしてでしょうか。以前筆者はこのような興味深い春期落葉のメカニズムを研究しましたが、その解明には至りませんでした。考えられる理由としては、アコウは、その環境、特に温度の変化に対して適応するための特異な戦略をもっていることや葉の老化を早めたり遅くしたりする働きをもつ植物ホルモンなどの「鍵化学物質」が他の植物とは異なっていることなどが挙げられます。鍵化学物質については「3. 老化を調節する化学物質」の項で詳しく説明します。

　金魚や熱帯魚を水槽で飼育する場合、クロモなどの水草を同じ水槽で育てて、一緒に観賞されることも多いでしょう。この場合、水槽に入れた水草はやがて老化し、枯れてしまいます。老化した水草の葉や茎などは多くの場合黄変や紅葉せずそのまま枯死し、やがて水中で分解されてしまいます。池や川でよく見かける植物の残骸は、老化が進んで、枯死してしまった植物です。

　人為的な行為によっても植物は老化します。例えば旺盛に成長し青々としている健全な葉の一部を切り取って切片を作ります。水を含ませたろ紙を敷いたシャーレにその切片をしばらく置いておくと黄色く色づきます。つまり老化が起こっていることになります。本来なら秋にならないと色づかない葉も、切

写真 6-5　健全なオートムギ第一葉から切り取った切片を光のもとにしばらく
　　　　　置いた時（左）と同じ期間暗黒に置いた時（右）の切片の変化

オートムギ第一葉の先端から3cmの切片を切り取り、水を含ませたろ紙を敷いたシャーレに、葉の表面が上になるように切片を並べ、そのシャーレを光のもとで（左）、あるいは暗黒状態で（右）4日間培養すると、暗黒状態に置いた切片は緑色から完全に黄変し、老化しました（右）。

り取るという人為的な行為と乾燥しないための水分があれば立派に老化します。さらに、光がまったくない暗黒状態に置くとその老化が極端に早まります（写真6-5）。

3. 老化を調節する化学物質

　写真6-5に示すように、葉の切片が老化するのは「切り取られた」という何らかの情報（信号）が切片自身の中で発信され、それが切り取られた葉（切片）を老化させ、さらには死へと導いていると考えられます。それでは、その情報（信号）あるいはその情報（信号）の担い手は何でしょうか。実は、植物にもヒトや動物と同じようにホルモンと呼ばれる微量で著しい働きをする物質が含まれています。これらは動物のそれにならって「植物ホルモン」と呼ばれています。植物ホルモンは、オーキシン、ジベレリン、サイトカイニン、ブラシノステロイド、アブシシン酸、エチレン、ジャスモン酸と呼ばれる一連の物質、あるいは物質群に属する化学物質（化合物）で、いくつかの植物ホルモンが植物の老化にも関係していることがわかっています。サイトカイニンは老化の抑制に効果的であり、アブシシン酸、エチレン、ジャスモン酸は老化を著しく促進します。例えば、写真6-5に示したオートムギ第一葉切片にサイトカイニンを与えておくと、暗黒状態で4日間培養してもまったく黄変せず、葉片はほぼ緑色のままであることが示されています（写真6-5左側の切片と同様の緑色の状態）。バナナは緑色の果実を収穫し、倉庫の中で一定期間エチレン（ガス）を処理すると、マーケットでよく目にする黄色の果実になります。これも果実の老化現象の一つです。つまり、バナナの果実はエチレンの働きで老化が促進されたことになります。

　筆者らは、自然界で植物の老化を制御する天然型の「鍵化学物質」を探してきました（写真6-6）。天然型の化学物質とは人工合成された合成型とは異なり、自然界に存在する化学物質のことです。その研究の中で、1980年に、アブサン酒や健胃薬として利用されるニガヨモギにアブシシン酸やエチレンの老化促進効果に匹敵する、あるいはそれ以上の効果を有する物質の存在を見いだ

写真 6-6　若い頃の筆者
ガスクロマトグラフ質量分析計を用いて、植物の老化を制御する鍵化学物質を分析
しているところです。

しました。これを単離し、同定した結果この物質はジャスミンなどに含まれ、
香料の一つの成分として知られている（－）－ジャスモン酸メチル［→ p.196］
でした。この研究がきっかけとなり、ジャスモン酸メチルやジャスモン酸をは
じめとして、その関連化合物が植物ホルモンの仲間入りを果たすことになりま
した。上で述べた「切り取られた」という何らかの信号は、このような植物の
老化を促進する化学物質を植物の体内で合成させるように働いているのかもし
れません。なお、植物の「老化の鍵化学物質」を中心とした研究の詳細につい
ては筆者がすでに『最新　植物生理化学』（大学教育出版）にまとめています
のでご参照いただければ幸いです。

　このように、植物ホルモンが植物の老化を進めたり遅らせたりすることが
明らかとなり、植物の老化に関する研究が活発になりました。「4. 植物の老化
現象に関する研究の歴史」や「6. 葉の黄変や紅葉、落葉や落果のメカニズム」
で述べるように、最近では植物の老化に関係している遺伝子やタンパク質もわ
かってきています。

4. 植物の老化現象に関する研究の歴史

　植物の老化現象に関する研究の歴史を表6-1に示します。植物の老化現象は、植物学あるいはその関連学問分野において、1900年以前にはほとんどその研究対象にはなっていませんでした。その最初の研究は、1928年にモーリッシュ（Molisch, H.）による「植物の寿命の遅延」に関する研究であるように思われます。1930年代に入り、断片的な研究がイェム（Yemm, E.W.）やヴィッケリー（Vickery, H.B.）らによって行われましたが、植物の老化に関する体系的な研究が行われるようになったのは、1967年にイギリスで開催された「Aspects of the Biology of Aging（老化の生物学）」に関するシンポジウム以降です。その後老化現象は、植物においても多くの植物生理学者あるいは生化学者の研究課題として大きな位置を占めるに至っています。1970年からはアメリカのチマンの研究グループがアベナ葉切片の老化現象を対象として、その老化過程における細胞構成成分の変化、植物ホルモンの影響、各種化学物質による老化の人為的制御などの幅広い研究を通して植物の老化現象の全体像を解明しようとしました。

　植物ホルモンの発見に伴って、植物の老化現象に対する植物ホルモンの影響が活発に研究されるようになりました。オーキシンはさまざまな植物において老化抑制物質として機能していることが報告されています。その特徴の一つは、落葉や落果に先立って形成される離層形成の抑制（阻害）です。実際、1933年に葉身を除去した後のコリウス（*Coleus*）の葉柄にオーキシンを与えると葉柄の脱落が妨げられることが示されました。ところが合成オーキシンである 1-ナフタレン酢酸（NAA）［→ p.196］は高濃度では離層形成を促進することから摘果剤として、さらに 2, 4-ジクロロフェノキシ酢酸（2, 4-D）［→ p.196］は除草剤として利用されたこともありました。先のベトナム戦争では、この 2, 4-D と 2, 4, 5-トリクロロフェノキシ酢酸（2, 4, 5-T）の混合剤が枯葉剤として使用されました。ジベレリンについては、1961年にジベレリンをワタに与えるとワタの離層形成を促進することが示されましたが、1965年

表 6-1　老化の鍵化学物質を中心とした植物の老化に関する研究の歴史

1924 年	Denny, F. E.	エチレンによるレモン果実の黄化促進を報告
1928 年	Molisch, H.	「植物の寿命」を著す
1933 年	Laibach, F.	オーキシンによる離層形成阻害を報告
1935 年	Yemm, E. W.	飢餓状態のオオムギ葉における物質代謝の研究
1937 年	Vickery, H.B. ら	明所および暗所においたタバコ葉における物質変化の研究
1949 年	Hemberg, T.	ジャガイモ塊茎の皮層部に含まれる成長阻害物質の研究
1953 年	Bennet-Clark, T.A. と Kefford, N.P.	多くの植物に含まれる成長阻害物質を inhibitor–β と命名
1954 年	Chibnall, A.C.	根から葉に供給される新規植物ホルモンの存在を仮定
1957 年	Richmond, A.E. と Lang, A.	カイネチンが植物の老化を抑制することを発見し、Chibnall の仮説を支持
	Philips, I.D.J. と Wareing, P.E.	*Acer pseudoplatanus*（シカモアカエデ）の頂芽や葉に含まれる成長阻害物質に関する研究
1963 年	Eagles, C.E. と Wareing, P.E.	休眠物質を dormin と命名（アブシシン酸、abscisic acid（ABA）と同一物質）
	Ohkuma, K. ら	abscisin II（ABA）を単離
1965 年	Ohkuma, K. ら	abscisin II（ABA）の化学構造を決定
	Carnel, H.R. ら	ジベレリンによるワタの離層形成促進を報告
	Fletcher, R.A. と Osborne, D.J.	ジベレリンのクロロフル分解抑制効果を報告
1967 年	Woolhouse, H.W.	「Aspects of the Biology of Aging（老化の生物学）」に関するシンポジウム
1970 年	Shibaoka, H と Thimann, K.V.	葉の切片を用いた植物の老化の体系的研究
1980 年	Ueda, J. と Kato, J.	ジャスモン酸メチルの強力な老化促進作用を発見
1997 年	Pennell, R.I. と Lamb, C.	プログラム細胞死に関する総説を発表
	Fukuda, H. ら	ブラシノステロイドによるプログラム細胞死の制御を報告
2007 年	Tanaka, A. ら	緑色を保持するイネの突然変異体を用いた研究（*NYC1* 遺伝子と *NOL* 遺伝子の同定）
	Kusaba, M. ら	メンデルが「遺伝の法則」を提唱するに至った緑色の子葉をもつエンドウに関する研究（*STAY-GREEN* 遺伝子の同定）
2016 年	Tanaka, A. ら	*STAY-GREEN* 遺伝子がクロロフィル a 分子に結合しているマグネシウムを離脱させる酵素（Magnesium-dechelatase）を合成する遺伝子であることを証明

には逆にジベレリンがセイヨウタンポポなどの切除された葉の退色を抑制する作用が報告されました。1954 年にチブナル（Chibnall, A.C.）は根からある種の植物ホルモンが葉に供給され、これが葉のタンパク質代謝を調節しているという仮説を提唱しました。1957 年にリッチモンドとラング（Richmond, A.E. and Lang, A.）のサイトカイニンの一種であるカイネチンを用いた実験によってこの仮説の正しさが検証されました。これらの事実から、根から供給されるある種の植物ホルモン、すなわちサイトカイニンは植物の老化現象に対してこれを強力に抑制することが明らかになりました。

　一方、1924 年にエチレンがレモン果実の黄変を促進する作用をもつことが報告されました。その後、1965 年にアブシシン酸が、また 1980 年には筆者らによってジャスモン酸メチルが植物の老化を著しく促進する作用をもつことが見いだされました。さらにアブシシン酸やジャスモン酸メチルはサイトカイニンが示す老化抑制作用を阻害することも明らかにされました。このような事実は、植物の老化現象が植物自身の生産する植物ホルモンをはじめとする「老化の鍵化学物質」の動態によって制御されていることを強く示しています。

　最近では植物科学の分野においても、遺伝子やタンパク質の構造や機能などの分子レベルの解析を通して植物の生理現象を明らかにする研究が発展してきています。植物の老化現象についても、1997 年からこれをプログラム細胞死（programmed cell death）と捉え、このプログラム細胞死を分子レベルで解析することによって老化現象を理解しようとする研究が進められました。プログラム細胞死は計画的な細胞の自殺死、すなわち自らが作り出した遺伝子産物によって引き起こされる細胞の死で、個体を正常な状態に保つために積極的に引き起こされる細胞死、すなわちアポトーシス（apoptosis）として理解されます。植物の発生段階におけるアポトーシスは、根冠細胞、師管や道管などの維管束細胞、花粉や胚珠の形成に関与する生殖器官の細胞、イネ科植物の種子に見られる糊粉層細胞などで報告があります。プログラム細胞死は植物ホルモン類による制御を受けることも知られています。例えばヒャクニチソウの葉肉細胞を用いた研究から、ブラシノステロイドは 2 次細胞壁合成やタンパク質や核酸の分解に関係する遺伝子の発現を誘導し、液胞の崩壊による細胞死をも

たらし、葉肉細胞を管状要素へと分化させることが示されました。なお老化しない突然変異体を用いた研究やその遺伝子などについては「6.　葉の黄変や紅葉、落葉や落果のメカニズム」の項で紹介します。

5.　落葉や落果と離層の形成

　葉や果実の老化が進んでくると、最後には葉や果実が茎や枝から切り離されて落葉や落果が起こります。このことは「器官の脱離」と呼ばれています。形や働きが似ている細胞が集って同じような働きをしている時、これを「組織」といい、「組織」が集って同じような働きをする時、これを「器官」といいます。通常は、「器官」が脱離する場所は決まっています。老化が進むと落葉や落果が起こる箇所では薄い細胞壁をもつ特殊な細胞層が分化、発達します。このような細胞層を「離層」といいます（図 6-1）。離層が発達すると、少しの力が加わっただけで葉や果実が落ちてしまいます。顕微鏡を用いてその

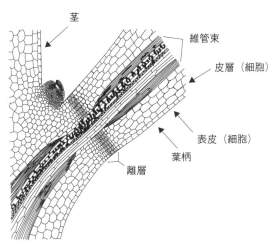

図 6-1　植物の茎と葉柄との接点にある離層
茎および葉柄の縦断切片を作製し、顕微鏡で観察したところ。
（F.T. Addicott 著、"Abscission"、University of California Press, Ltd.（1982）、p.24、を改変）

部分の組織を観察すると、離層の形成は葉柄などでは、「皮層」には認められますが、葉柄の中心を通っている「維管束」にはほとんど認められないことがわかります。「葉柄」は、葉と茎をつないでいる柄の部分で、「皮層」は、植物体の外側の面をおおっている表皮と維管束などがある中心柱と呼ばれる部分との間の細胞層を指します。また、「維管束」とは水や養分などを運ぶために根や茎を縦に走る管などが集まっている部分をいいます。

　離層は、その器官がいまだ一人前になっていない、とても若い時期にすでに植物体に認められる場合もあれば（写真6-7）、老化が進んでから徐々に認められる場合もあります。さらに、ある薬剤を植物に与えるなど人為的に特殊な操作を施した場合には、時として自然状態では決して離層が形成されることのない組織に離層ができることがあります。これを筆者らは2次離層形成と呼んでいます。筆者らは長年、ポーランドのスキエルニエヴィーチェ（Skierniewice）にある園芸科学研究所教授のサニエウスキー（Saniewski, M.）博士とジャスモン酸メチルの生理化学的作用に関する共同研究を実施していますが、2000年からはジャスモン酸メチルが示す2次離層形成について

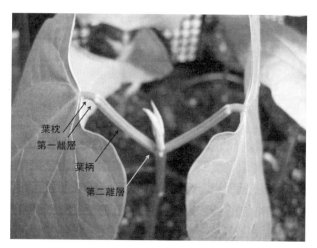

写真6-7　インゲン幼植物の第一葉に認められる2カ所の離層
葉枕と葉柄との接点に認められる第1離層と葉柄と茎との接点に認められる第2離層。
葉枕とは、小葉や葉柄の基部にある肥厚した部分を指します。

共同研究を進めています。ジャスモン酸メチルをラノリンに練り込んでペースト状にしたものを茎に与えると、もともと離層が形成されない茎の中ほど2箇所に2次的に離層が形成されました（写真6-8）。ラノリンとは、羊毛蝋や羊毛脂で、羊毛の表面に付着する蝋状物質を精製したものです。

　現在までジャスモン酸メチルによる2次離層形成のメカニズムが完全に解明されたとはいえません。しかしながら、植物ホルモンであるオーキシンをジャスモン酸メチルと同時に与えるとこのような2次離層は形成されず、2次離層に挟まれた部分の老化も認められないことがわかりました。つまりジャスモン酸メチルによって形成される2次離層は、写真6-8に示すカランコエの切片自

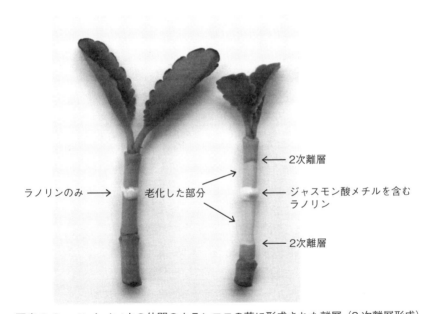

写真6-8　ベンケイソウの仲間のカランコエの茎に形成された離層（2次離層形成）
　（右）ジャスモン酸メチルをラノリンに練り込みペースト状にしたものを茎に与えた場合、もともと離層が形成されない茎の中ほど2箇所に2次的に離層が形成されました。そのラノリンを与えた箇所を中心に、離層に挟まれた両側の部分は黄化し、老化していることがわかります。
　（左）ジャスモン酸メチルを含まないラノリンのみを与えた場合、2次離層は形成されず、茎は緑色で健全な状態を保っています。

身がもっている、あるいは切片の先についている葉で合成されるオーキシンと影響を及ぼし合った結果形成されるのではないでしょうか。実はオーキシンは茎でたいへんおもしろい移動、すなわち茎の先端から根の方向に向かってのみ移動しその逆の移動はないことが知られています。これを「オーキシン極性移動」といいます。ジャスモン酸メチルを処理したところに離層が形成されず、少し離れたところに2次離層が形成されるメカニズムは、次のようであるかも知れません。すなわち、カランコエの切片自身のオーキシンが切片の先端から下の方向に極性移動してきます。一方処理したジャスモン酸メチルは処理されたところから先端側と下側に移動します。その両者が出会い、お互いの濃度のバランスが適当となったところに2次離層ができるのではないでしょうか。この推察は植物の老化のメカニズムを考える時にとても興味深いことです。なおこのような2次離層形成はエチレンによっても形成されることが知られていま

写真 6-9　ジャスモン酸メチルの生理化学的作用に関して筆者らと共同研究を
　　　　行っているポーランド人科学者

2018年、ワルシャワ（Warsaw）郊外にあるポーランド科学アカデミー（Polish Academy of Science）の植物園にて。左から、植物園長のコイス（Kojs, P.）博士、スキエルニエヴィーチェ（Skierniewice）にある園芸科学研究所教授のサニエウスキー（Saniewski, M.）博士、筆者、大阪公立大学教授の宮本健助博士（第3章の執筆者）、元植物園長のプハルスキー（Puchalski, J.）博士。

す。先に述べたとおり、筆者らは現在もジャスモン酸メチルの2次離層形成を
はじめとする植物の老化促進やその他のさまざまな生理化学的作用のメカニズ
ムについて国際共同研究を続けています（写真 6-9）。

6. 葉の黄変や紅葉、落葉や落果のメカニズム

　植物が生育している環境が秋のように短日状態や低温状態になると緑葉が
老化し、黄変や紅葉することを述べました。そのメカニズムはどのようになっ
ているのでしょうか。一般的に、環境情報は植物自身に感受され、化学信号と
なって遺伝子に働きかけられます。

　老化に限らず、各種の生理現象を解明するためにはその生理現象に特化し
た突然変異体を用いて研究するのが良い方法といえます。例えば、シロイヌナ
ズナはすべてのゲノムが解析されており、各生理現象の分子レベルの解析に
好都合な植物といえます。筆者らは 1991 年に植物が花を作るメカニズムを知
るために、花を作らない *pin*-formed mutant（*pin* 突然変異体）を用いて研
究を行いました（写真 6-10）。この突然変異体は、野生型が正常にもっている
PIN 遺伝子に変異が生じた結果、そのような変異体となっているのですが、
研究の結果、「5. 落葉や落果と離層の形成」のところで述べた「オーキシン

写真 6-10　シロイヌナズナ *pin*-formed mutant（*pin* 突然変異体）
　左：野生型と *pin* 突然変異体、左の野生型の花茎には花が咲いていますが右の *pin*
　　　突然変異体の花茎には花がありません。
　右：野生型（左）と *pin* 突然変異体（右）の花茎の先端を拡大したところ。

極性移動」が花の形成に密接に関係していることがわかりました。また、PIN 遺伝子の産物（PIN タンパク質）が植物細胞において、「オーキシン極性移動」にきわめて重要な働きをしていることもわかりました（「第 3 章　重力形態形成：重力を利用した植物のからだづくり」をご参照ください）。*pin* 突然変異体の老化は野生型に比べて早くなるのかあるいは遅くなるのかといったことにも興味がもたれるところですが、残念ながらそのことについては現時点では明らかではありません。

　2007 年に、イネの葉がいつまでも緑色を保っている *nyc1* 突然変異体や *nol* 突然変異体を用いた研究からその原因遺伝子が明らかになりました。それらは *NYC1*（*Non-Yellow Coloring1*）遺伝子と *NOL*（*Non-Yellow Coloring1-like*）遺伝子で、老化が正常に起こる個体では、これらの遺伝情報に基づいて合成されるタンパク質の NYC1 と NOL は植物が老化する時に複合体を作り、クロロフィル b を分解します。クロロフィル b はクロロフィル a に変換されてから分解されます。タンパク質はタンパク質分解酵素の働きで分解されますが、老化が始まるまではタンパク質分解酵素はクロロフィル b に結合している LHCII（light-harvesting chlorophyll protein complex II）と呼ばれるタンパク質を分解することができません。しかし、LHCII タンパク質はクロロフィル b が分解されることで不安定となり、その結果タンパク質分解酵素によって分解されるようになります。LHCII が分解されることで葉緑体内のチラコイド膜が分解され、続いて葉緑体全体の分解が起こり、その結果緑色の葉が黄変します。チラコイド膜は、光合成に関わるチラコイドと呼ばれる構造体を包んでいる膜構造で、実際に光化学反応が起こる場です。*nyc1* 突然変異体や *nol* 突然変異体は *NYC1* 遺伝子と *NOL* 遺伝子に変異があるため、クロロフィル b のクロロフィル a への変換が阻害される変異体であることがわかりました。

　イネにはこのような突然変異体以外にも *sgr* 突然変異体の存在が知られています。この突然変異を起こす原因遺伝子（*STAY-GREEN*（*SGR*）遺伝子）については興味深い研究があります。1865 年に「遺伝の法則」を提唱したオーストリア帝国・ブリュン（現在はチェコのブルノ（Brno））のメンデル

写真 6-11　子葉が緑色（左）と黄色（右）のエンドウの乾燥種子

（Mendel, G.J.）は、エンドウのいくつかの形質を利用してその遺伝を調べました。そのうちの一つに、「子葉」の色が黄色か緑色かという形質があります（写真 6-11）。子葉は、私たちが食べている豆そのものです。

　2007 年に、子葉が乾燥してなお緑色をしている *sgr* 突然変異体は、*SGR* 遺伝子に変異が生じてこのような変異体となっていることがわかりました。そこでゲノムがすべて明らかになっているシロイヌナズナの *sgr* 突然変異体を調べた結果、2016 年に、*SGR* 遺伝子はクロロフィル a 分子の中心に結合しているマグネシウム原子を取り除く（離脱させる）働きをする酵素（Magnesium-dechelatase）を合成する遺伝子であることがわかりました。植物が老化している時には、クロロフィルが分解され緑色が消失し、黄色になることを述べました。この過程では、クロロフィルの分解、すなわちクロロフィル a 分子の中心に結合しているマグネシウムが脱離してフェオフィチン a に、さらにこれがフェオフォルバイド a に代謝、分解されて植物は緑色を失い、黄色に変化します。メンデルが「遺伝の法則」を発見するきっかけとなった緑色の子葉をもつエンドウは、*SGR* 遺伝子に何らかの変異が生じたためこの酵素が合成されず、クロロフィル a からマグネシウムが離脱することができないことで緑色が保持されるエンドウであることがわかりました。

　このような一連の生理化学的過程には上で述べた植物ホルモン類をはじめとする「老化の鍵化学物質」の動態が密接に関係しています。落葉や落果には離層の形成、発達が必要であることを述べましたが、離層部の細胞において

は、局部的にリボ核酸（RNA）やタンパク質の合成が起こり、細胞壁分解酵素の一つであるセルラーゼの活性が上昇します。離層部細胞の細胞壁や細胞中間層はセルラーゼなどの作用によって分解され、最終的に維管束組織が機械的に破壊され、葉や果実などの器官は植物体より脱離します。植物ホルモンであるアブシシン酸、エチレンあるいはジャスモン酸メチルなどの老化の鍵化学物質は離層部細胞においてセルラーゼ活性を上昇させる働きがあります。脱離する器官側（例えば葉など）に植物ホルモンであるオーキシンが与えられますと、オーキシンによって誘導されるエチレンが生成するものの、セルラーゼの働きは抑えられ、その結果離層形成が阻害されることが知られています。一方、最近の研究から、過酸化水素や脂肪酸の過酸化物も離層形成を促進すること、また、すでに述べましたがジャスモン酸メチルやエチレンは元来離層が形成されない組織に対しても2次離層形成を誘導し、器官脱離を引き起こすことが明らかになりました。先に述べたとおりオーキシンはこのような2次離層形成に対しても阻害的に働くことが示されています。

　ジャスモン酸メチルによる2次離層形成に関する国際共同研究において、2020年に筆者らは高速液体クロマトグラフ質量分析計という分析機器を用いて植物ホルモンの網羅的解析（検出可能なすべての植物ホルモンの種類とその量を明らかにする分析）を行いました。その結果、2次離層が形成されるためには、将来その離層が形成されるであろう部位を境とする両側の組織におけるオーキシン量のバランスが重要であることがわかりました。また2020年にジャスモン酸メチルによるイチョウの葉の老化促進作用に関する研究においても植物ホルモンの網羅的解析を行った結果、ジャスモン酸メチルの老化促進作用には他の植物ホルモン類、とりわけアブシシン酸との共同作業が重要であることを認めました。

　植物が老化に至るまでの一連の生理化学的過程は図6-2にまとめることができます。近い将来さらに研究が進むと、生理化学的な各過程におけるより詳細なメカニズムが明らかになることでしょう。

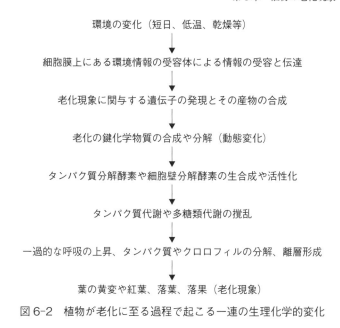

環境の変化（短日、低温、乾燥等）

↓

細胞膜上にある環境情報の受容体による情報の受容と伝達

↓

老化現象に関与する遺伝子の発現とその産物の合成

↓

老化の鍵化学物質の合成や分解（動態変化）

↓

タンパク質分解酵素や細胞壁分解酵素の生合成や活性化

↓

タンパク質代謝や多糖類代謝の撹乱

↓

一過的な呼吸の上昇、タンパク質やクロロフィルの分解、離層形成

↓

葉の黄変や紅葉、落葉、落果（老化現象）

図 6-2　植物が老化に至る過程で起こる一連の生理化学的変化

7.　おわりに ― 植物の老化に関する応用的側面 ―

　以上述べてきたとおり、植物の老化は奥深い生理現象であることが理解いただけたと思います。しかしながら、現時点でその奥深さの細部のことがすべて解明されたとはいえません。

　すでに述べましたが、植物の老化現象はさまざまな環境要因、すなわち光、温度、水分などによって制御されています。それでは重力の影響についてはどうでしょうか。地球上のすべての場所ではその中心部に向かって重力が働いているため、落葉や落果が起こる場合は、葉や果実は地上に引っ張られていくことになります。植物の生理現象に対する重力の役割を明らかにするために、筆者が研究代表者となり、1998 年と 2016 年～ 2017 年に NASA（アメリカ航空宇宙局）や我が国の JAXA（宇宙航空研究開発機構）の協力を得て、スペースシャトルや国際宇宙ステーションを利用した宇宙空間での植物の成長や発達、植物ホルモンの働きなどを調べました（写真 6-12、「第 3 章　重力形

写真 6-12　国際宇宙ステーションを利用した植物宇宙実験の実施
2016 年〜 2017 年にアメリカ航空宇宙局（NASA）のケネディー・スペース・センター（KSC）の実験室において、軌道上実験に供する植物材料（左）と放射性オーキシンを含むチューブ（右）を準備中の筆者。

態形成：重力を利用した植物のからだづくり」をご参照ください）。しかしながら現在までのところ、葉の黄変や離層の形成などが実際に重力の影響を受けている現象なのか否かについては明確ではありません。宇宙空間はほとんど無重力状態といえますので、たとえ植物が老化して離層が発達しても落葉や落果は起こらないことが推察されます。地球上では落葉樹として知られている植物も宇宙環境で生育させると、風を起こすなどの人為的な力が植物に加わらなければ落葉や落果が起こらず、黄色や赤色に色づいた葉や熟した果実がいつまでも樹全体についているかもしれません。想像するだけで楽しくなります。

　現在、農産物生産現場では、作業の省力化や効率化が求められています。植物の離層形成に関する応用的側面としては、アメリカなどでの大規模農場でのワタの収穫や我が国の温州（うんしゅう）ミカン栽培での摘果剤の利用があげられます。ワタの栽培では特に収穫作業に莫大な時間と労力が必要で、アメリカでは昔はそのために大勢の人々を奴隷として働かせていました。今では薬剤（収穫補助剤）で収穫作業に障害となる葉を強制的に落葉させてしまい、大型機械でいっきに収穫してしまう方法もとられています。実はワタの離層形成に関する研究からアブシシン酸が発見されましたが、これはワタの脱葉剤としては効果的ではありませんでした。現在、化学的に合成されたチジアズロンやジウロン［→ 2 つとも p.196］と呼ばれる薬剤がワタの脱葉剤として利用されています。

　一方、受粉が起こらなくても果実ができる（これを単為結果といいます）温州ミカンの栽培では、一本の樹に適当な数の果実を実らせることを目的として、20％のエチクロゼート（5-クロロ -3（1*H*）-インダゾール酢酸エチル）［→ p.196］を含んでいるフィガロン乳剤や22％の1-ナフタレン酢酸ナトリウムを含むターム水溶剤と呼ばれる薬剤が摘果剤として用いられています。

　今後は植物の老化現象のより詳細なメカニズムが明らかにされるとともに、農業や食料の生産といった老化の応用面での研究や、学校や社会での老化に関する教育が進み、植物の老化現象が私たちのより身近な現象として理解が深まることを期待します。

参考文献

植物生理化学会編集、長谷川宏司監修『植物の知恵とわたしたち』大学教育出版、2017 年

長谷川宏司・広瀬克利編『最新　植物生理化学』大学教育出版、2011 年

長谷川宏司・広瀬克利編『博士教えてください ― 植物の不思議』大学教育出版、2008 年

山村庄亮・長谷川宏司編著『植物の知恵 ― 化学と生物学からのアプローチ ―』大学教育出版、2005 年

第7章
植 物 の 花

1. はじめに

　皆さんの中で小学生や中学生の時に夏休みの課題でアサガオの栽培を経験した人は多いのではないでしょうか。アサガオは夏休み中に蔓を伸ばしながら次々と花をつけます。アサガオは日本の夏の印象を大きく形作っている一つですね（写真7-1）。

　ところでアサガオを熱帯地方で育てたらどうなると思いますか。日本より暖かそうなので一年中蔓が茂り、次々と花をつけるのでしょうか。日本が戦争（第二次世界大戦）のとき日本軍が南方の赤道近くの島々を占領していた時がありました。その時、参加していた軍人のなかに日本から送られたアサガオの種子をまいて栽培した人がいたそうです。その時の様子を瀧本が『花を咲かせるものは何か』（中公新書、1998年）の中で紹介しています。アサガオは蔓を伸ばさないで小さなままですぐに花をつけてしまったそうです。なぜでしょうか。花は植物体が育つとき自然に咲いていくものではないようですね。その答えは、後ほど説明したいと思います。

写真 7-1　入谷朝顔市
（出所：ウオーカープラス）

2. そもそも花とは何か

　花は植物の生殖器官であることを知っている人は多いでしょう。ただ、動物と違い、多くの花はオスとメスの機能が一つの花に一緒にあります（両性花といいます）。おしべがオスです。おしべでつくられる花粉が柱頭につくと花粉管を伸ばし、精子を子房に運び、子房の中の胚珠と受精します（図7-1）。だから子房がメスですね。精子と受精した胚珠が種子になるので種子が赤ちゃんに当たりますが、クマが冬に冬眠するように、環境が悪いとき（乾燥や極寒など）は長期にわたって眠ることができます。それどころか、種子ができるときは冬に向かってすでに寒い時期にあることも多いので、間違いのないように周りの気温とは関係なくしばらく眠るように遺伝子に組み込まれています。初冬の寒い時期でもたまたま暖かい日になることもあるでしょう。そのようなときに間違って発芽してしまうとどうなるでしょう。悲惨な結果は目に見えています。そういう間違いを避けるために種子ができたらしばらく休眠という機構

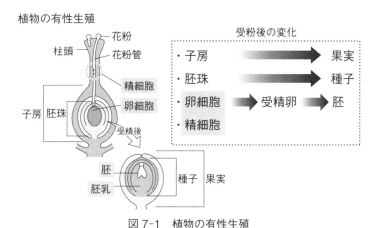

図 7-1　植物の有性生殖

めしべの柱頭に花粉が受粉すると花粉管が伸び、その中を通って精細胞が卵細胞に運ばれて受精します。受精した卵細胞は胚（植物の赤ちゃん）となり、胚を含む胚珠は種子に成熟します。胚珠を包む子房は全体が果実になります。

（出所：Examee）

ができている植物が多いのです。休眠している種子はたとえ部屋の中で暖かくして水やりしても目は覚ましません。目を覚ますには逆にしばらく寒さを経験しないと目が覚めないようにできているのです。これも間違いを避けるためと考えられます。

　私たちが食べる果物は子房が発達したものが多いです。動物にとり、興味のあるのは果肉ですが、植物にとり重要なのはもちろん種子です。両性花のほかに一つの個体でオス花とメス花を別々につける（キュウリなど）ものや、動物と同じようにオス花をつける個体とメス花をつける個体が分かれている植物（イチョウなど）もあります。

3.　どんな植物も花をつけるのか

　植物の仲間は大きく分けて、藻類、コケ類、シダ類、顕花植物があります。顕花植物は裸子植物と被子植物があります。

　藻類はよく知られているように水の中で暮らしています。コケは陸で育ちますが湿ったところでしか生きることができません。シダはもう少し乾燥したところでも育ちますが寒いところは苦手です。裸子植物は暖かければさらに乾燥したところでも適応できます。寒さにも乾燥にも最も適応できるのが被子植物です。それぞれの植物は進化の過程で出現してきたものです。それぞれの植物が特に繁栄した時代を図 7-2 に示しました。

　花をつけるのは顕花植物だけで、花は植物の生殖器官というものの、ただ、子孫繁栄のためならばわざわざ種子をつくらない方が省エネで有利なはずです。実際、種子をつくらないシダ類（もっともこの時代に繁茂したシダ類はヒカゲノカズラやトクサの仲間で、皆さんが知っているシダとは少し違いますが）は、太古の昔、約 3 億 6,000 万年前から 3 億年前までの石炭紀にはシダは大木になるほど大繁茂しました。現在の化石燃料（石炭）はすべてこの時代に繁茂した植物が化石化したことによるものです。

　裸子植物、つまり現生のイチョウ、マツなどの針葉樹類、ソテツ類が発達した時期はペルム紀から三畳紀（図 7-2 参照）ですが乾燥した時代だったと

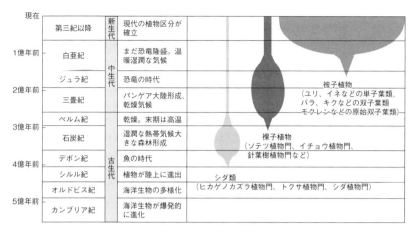

図 7-2 植物の進化
(戸部博「植物自然史」を参考に筆者作成)

言われています。裸子植物はシダ類と違い、種子をつくることができるように
なった植物ですが、種子をつくれるようになったことで乾燥の時代を乗り切れ
たのです。

　読者の皆さんが普通に花と認識するのは現生の被子植物に限られます。被
子植物は、白亜紀(図 7-2 参照)に急速に放散し、6,550 万年前の白亜紀の終
わりまでには、現在知られている被子植物の目(植物の分類は下から種、属、
科、目と順に大きなグループに分類されています)が70%を占めるまでにな
りました。およそこのころには、被子植物の樹木が針葉樹を圧倒するように
なっていました。被子植物が爆発的に多様化したきっかけをもたらした環境の
変化も乾燥だったと言われています。被子植物は乾燥に対する適応が裸子植物
より格段に優れているからです。図 7-3 に花の構造を示しましたが、裸子植
物は胚嚢細胞が珠心と一枚の珠皮で覆われています。このかたまりを胚珠と呼
び、種子になるところです。つまり、裸子植物は種子になる元の組織がむき出
しになっているのです。被子植物は胚珠の珠皮が2枚あり、さらに心皮、花
被、萼片で覆われています。この時代は恐竜も繁栄しましたが、被子植物は恐
竜により繁茂したわけではないでしょう。恐竜は被子植物よりだいぶ前、ジュ

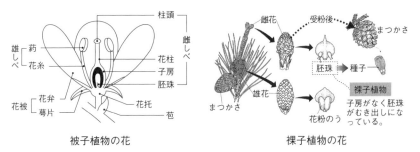

図7-3　花の構造

被子植物は胚珠（種子になるところ）が子房に包まれているが、裸子植物の胚珠はむき出しになっている。

（出所：小学館、Examee）

ラ紀から大繁栄していました。被子植物が発達した直接の原因は乾燥環境に適応できたほか、いろいろな昆虫が出現してきたからと言われています。昆虫の出現により、裸子植物の受粉が風任せだったのに比べ、被子植物は昆虫により狙いを定め受粉することができるようになったのです。被子植物の乾燥環境に対する強さ、また受粉の功名さ・正確さで、白亜紀以降は裸子植物を圧倒し、現在では裸子植物としては上に述べたようにイチョウ、マツ、ソテツ類など少数の種が残るのみです。

4. 花はいつできて咲くのか

　さて、「1. はじめに」の節で述べた質問の答えになる本題の核心の話に移りたいと思います。花はどのようなときに花芽がつき、咲くのか、という問題です。

　植物がどのようなときに花芽を形成するかについて重要な発見をしたのはアメリカのガーナー（W. W. Garner）とアラード（H. A. Allard）です。両博士はタバコやダイズの花芽形成の要因を細かく調べ、温度、光の強さや質の違いが花芽形成期を決める要因ではなく、日長の違いが花芽をつける直接の刺激になっていることを見いだしたのです。1918年にはすでに結果を得てい

ましたが、当時としては信じがたい結果であったので彼らはさらに実験を繰り返し、1920 年にようやく論文を発表しました。

彼らの実験結果は画期的なものでしたが、コロンブスの卵のようなもので植物の生理・生態を考えると至極当然なことです。日長反応型は 3 つに分けられます（表 7-1）。日が短くなると花をつける植物を短日植物と呼び、タバコやダイズの他にアサガオ、キク、コスモス、イネ、オナモミ、シソなどがあります。逆に日が長くなる情報を解読して花をつける長日植物としてはコムギ、カーネーション、ヒヨス、ルドベキア、ホウレンソウなどがあり、一方、日長を解読しない（つまり、日長の変化にかかわらず花をつける）植物を中性植物と呼びます。結局、短日植物は日本では夏から秋にかけて咲く花であり、長日植物は春先に咲く花々です。日本では夏至（昼の長さが最も長くなる日）は 6 月下旬なので、アサガオのように夏に花芽形成が起きる植物であっても日長的には夏至以降、徐々に昼の長さが短くなっていく情報を読みとって花芽を形成しているのです。具体的には、アサガオは昼の長さが 15 時間よりも短くなると花がつくことがわかっています（品種にもよります）。日本の夏、例えば横浜では 8 月の日長は 14 時間よりもだんだん短くなります。夏といえどもアサガオには短日条件なのです。さらに言えば、ほどよい短日条件になっています。あまり強い短日条件だとアサガオの頂端にも花芽がついてしまい、蔓として伸びることができなくなってしまいます。実は、そのことが「1. はじめ

表 7-1　日長反応性が違う植物例

日長反応性	短日植物	長日植物	中性植物
植物の例	タバコ、ダイズ、キク、アサガオ、コスモス、イネ、オナモミ、シソ、イネ、ポインセチア、ダリア、サルビアなど	コムギ、カーネーション、ホウレンソウ、アブラナ、ダイコン、キャベツ、アヤメ、ヒヨス、ルドベキア、ストック、トルコギキョウ、カンパニュラ類	エンドウ、トウモロコシ、トマト、ナス
どういう植物か	夏から秋にかけて開花する植物	春から初夏にかけて開花する植物	栽培植物が多い

に」のところで述べた、南方の島でアサガオがなぜ蔓を伸ばさないで花をつけてしまったかについての答えです。熱帯地方は日本の夏至よりもいつも日長が短く、日本のアサガオには短日条件が強く、早くから頂端に花がついてしまい蔓として伸びることができないのです。暖かいので一年中、アサガオが育ちますが日長的にはいつも花をつける条件にあるからです。

　中性植物は生態学的に考えるとあまり感心した植物ではありません。日長に関係なく花をつけてしまうということは、植物が都合のよくない時期に花を形成してしまう危険性もあるからです。中性植物は人間に都合のよいようにいつでも花が咲く植物として人間が改良したものが多いのです。例えば、トウモロコシは中性植物ですが、その野生型は短日植物だった可能性があります。イネは現在も短日植物ですが、昔はもっと強い短日の性質があり、収穫日もずっと遅かったのです。それを、台風を避けるために短日の性質を弱め、花を早くつけさせるように品種改良されています。

　ところで日長を感じる場所はどこだかわかりますか。植物は茎頂から葉も茎もできるので日長も茎頂で感じると思う人が多いかもしれませんが、実は日長を感じるところは茎頂ではなく葉です。それがわかる簡単な実験があります。5月か6月頃にアサガオの種子をまき、双葉が開いたころに双葉を1日か2日アルミホイルで覆ってください。その時期、アサガオは花をつけないで蔓を伸ばす時期ですが、アルミホイルで双葉を覆ったアサガオはすぐに花をつけます。

　以上のように植物が受ける光の長さで花の形成が制御されていますが、植物は光をどのようにして感じているのでしょう。植物には、光を受容して、その情報を伝えるタンパク質が備わっています。そのような光受容タンパク質はいくつか知られていますが花芽形成に関与するものとしてフィトクロムとクリプトクロムがあります。フィトクロムは赤色光に感受性があり、クリプトクロムは青色に感受性があります。したがって光の質も花芽形成に関係していることになります。しかし、光の長さ（日長）に比べて、光受容体の働きは少し複雑です。例えばフィトクロムといっても性質の違うタンパク質がいくつもあり、分子生物学の基準植物になっているシロイヌナズナの研究ではphyA

（フィトクロム A）は花成に促進的に働き、phyB、phyD および phyE は抑制的に働くことがわかっています。クリプトクロムは促進的に働きます。しかし、イネではいずれのフィトクロムも抑制的に働きます。その他にも花を誘導する環境はいくつかありますが（特に低温などは重要です）、決定的な影響を与える条件は日長であることを覚えておいてください。

5. 花を咲かせる物質の研究史

日本にある「花咲かじいさん」の童話では焼かれてしまった臼の灰を枯れた桜の木にまいて満開の花を咲かせますが、ロシアの植物生理学者ミハイル・チャイラヒャン（Mikhail Chailakhyan）は 1937 年に接ぎ木実験（図 7-4）に基づいてそのような花芽形成を誘導する物質があると考えました。チャイラヒャンは、短日植物であるカランコエに長日植物であるオオベンケイソウを接ぎ木して短日条件で栽培したところオオベンケイソウの花が咲くことを観察しました。短日植物で何か花芽形成を誘

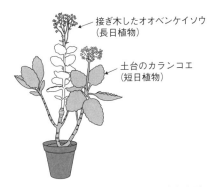

図 7-4　チャイラヒャンの接ぎ木実験
短日植物のカランコエに長日植物のオオベンケイソウを接ぎ木して短日条件で栽培するとオオベンケイソウにも花が形成した実験。
（出所：Plants, edited by Irene Ridge, Oxford Univ. Press, 2002 年）

導する成分が形成され、それがオオベンケイソウに伝わったと考えられます。そのような成分をフロリゲンと名付け、普遍的にその存在を予言したのです。その後、多くの別な植物を用いた接ぎ木実験でも繰り返しそのような現象は観察されました。フロリゲンはその後の研究で、後で述べる FLOWERING LOCUS T（FT）と呼ばれるタンパク質であるという解釈が現在のところ支配的です。しかし、ジベレリンという植物ホルモン（日本の黒沢栄一が 1926 年に世界で初めて発見し、藪田貞次郎が結晶化に成功するなど日本人の寄与が

高い。植物の成長を促進するほか、デラウエアという品種のぶどうに用いて種無しブドウの作出など農業分野で広く利用されています）なども植物によってはフロリゲンであると呼ばれる資格を持っているといえます。

　ジベレリンが特に長日植物の花成（かせい）に促進的に働くことはすでに1960年代からよく知られていました。分子生物学的（遺伝子レベル）研究の標準的植物になっているシロイヌナズナの花成もジベレリンで誘導され、日長、低温、自立的要因と並んでジベレリン経路も確立されています。シロイヌナズナではジベレリンの情報も結局FTタンパク質の発現に結び付くのですが、FTを介さないでジベレリンが直接、花成を誘導する系があることも証明されています。道端に見られるドクムギという植物では花芽形成においてFTよりもジベレリンの寄与の方が高いことがわかっています。

　既知の植物ホルモンとは別に、筆者のグループはアオウキクサからユニークな成分を見つけました（1992年）。KODA（9, 10-α-ketol octadecadienoic acid）［→ p.197］と呼んでいる脂肪酸です。アオウキクサの花芽形成はKODAと、神経伝達物質としても重要なノルエピネフリン（ノルアドレナリンとも呼ばれ、副腎髄質からアドレナリンとともに抽出されたホルモン）との反応物質によって直接誘導されます。ノルエピネフリンは植物にも含まれているのです。写真7-2は研究の合間に研究室の仲間と撮ったものです。

写真7-2　研究室の仲間と
中央が筆者

対照区 　　　　　　　　KODA（100μM）を噴霧

写真 7-3　KODA の開花促進作用の例

カーネーションは初夏に咲く花ですが、これは KODA を噴霧して 12 月に開花させました。

　カーネーションは「母の日」に大きな需要があるように本来、初夏に開花する長日植物です。それを冬に咲かせようとすると当然あまり花はつきません。そこに筆者らが発見した KODA を噴霧すると顕著な開花促進効果が認められました（写真 7-3）。KODA のこのような作用はカーネーションに限らず、多くの植物で花が咲きにくい条件があるときに花芽形成や開花を促進するので、花の新しい需要を掘り起こすと実用的にも期待されています。

6.　おわりに ─ 開花のメカニズムに関する最近の研究成果 ─

　花はどのようにして咲くのかを少し角度を変えて見てみましょう。花は日長の変化を感じて形成されると言いましたが、そこにどのような遺伝子が関わっているのかについては精力的に研究がすすめられ、かなりわかっています。ポイントは花芽形成を誘導する遺伝子と花芽を形成する遺伝子は違うということです。少し難しいかもしれませんが、花成誘導から花原基ができるまでに関与する代表的な遺伝子発現の関係を図 7-5 に示しました。

　日長の変化など花成誘導に十分な刺激を植物が受けると、葉組織の中で *CONSTANCE*（*CO*）遺伝子が発現します。翻訳された CO タンパク質は同じ葉組織内で *FLOWERING LOCUS T*（*FT*）遺伝子の転写を活性化します。FT タンパク質は葉から茎頂に送られてそこで FD と呼ばれる別のタン

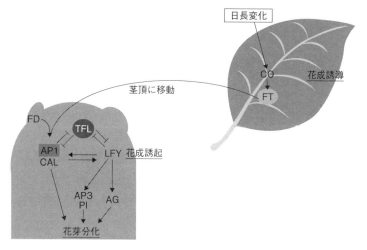

図 7-5　花芽形成に関わる代表的な遺伝子

日長の変化を葉で感受して生成した FT タンパク質が茎頂に移動し花芽形成
の引き金を引きます。

パク質と相互作用し、その後に花芽分裂組織決定遺伝子（花芽形成を決定す
る遺伝子）である *APETALA1*（*AP1*）／*CAULIFLOWER*（*CAL*）と恐らく
LEAFY（*LFY*）をも活性化して花芽を形成します。FT タンパク質の挙動は
チャイラヒャンが提唱したフロリゲンの条件を備えているので、FT はフロリ
ゲン（つまり花成誘導物質）の実体であろうと考えられています。しかし、も
ともとフロリゲンと考えられていたものは植物体に浸透する低分子の化合物な
ので低分子のフロリゲンは別に存在すると考える人もいます。一方シロイヌナ
ズナのような花の穂をつくる植物（写真 7-4）では、花穂の先端に花ができて
しまうと花穂の成長がそこで終わってしまいます。そこで花穂の先端（花序
分裂組織）には *AP1/CAL* と *LFY* を発現させない機構も持っています。その
状態を保っているのは花序分裂組織のすぐ下側で発現している *TERMINAL*
FLOWER（*TFL*）という遺伝子です。*TFL* は花芽形成を抑制する遺伝子で
す。ちなみに前節で紹介した KODA は *TFL* 遺伝子の発現を抑えることによ
り、結果的に花芽形成を促進することがわかっています。ところで、*FT* と
TFL 遺伝子はよく似ています。もともとは同じ起源の遺伝子から進化して、

同じ種の中でも機能が違う遺伝子をパラログ（paralog）といいます。片方の遺伝子から見ると一方は異常な機能ともいえるので para- の接頭辞が付いています。

　花芽を形成するには誘導する遺伝子（*FT*）と抑制する遺伝子（*TFL*）が働いていることを紹介しましたが他にも関与する遺伝子がいくつもあります。このように大事な成長のイベントは一つの遺伝子のスイッチだけではなくいくつもの遺伝子が関わり制御していることが普通です。間違いを無くすためと考えられます。

写真 7-4　シロイヌナズナの花穂
次々と花をつけながら上に伸び、下から種子になっていきます。
（出所：仙台方面いなか丘陵周辺ぷち
　　　植物誌）

参考文献
瀧本敦『花を咲かせるものは何か』中公新書、中央公論社、1998 年、pp.64-75
横山峰幸「9 位型オキシリピン、9, 10-α ケトールリノレン酸の植物生長調節における役割」
　『植物の生長調節』40、2005 年、pp.90-100
辻寛之・田岡健一郎・島本功「花成ホルモン "フロリゲン" の構造と機能」『領域融合レ
　ビュー』2、e004、2013 年、DOI: 10.7875

第8章

休　　眠

1. はじめに ― 休眠とは ―

　植物は動物などと異なり、生活の場所を移動することができないことから、自然環境の変化に応答し、生命の維持や種の繁栄を図る "知恵" を備えています。私たちが住んでいる日本列島のような中緯度温帯には、春・夏・秋・冬の四季があります。四季のうちで生き物の生存にとって厳しい季節が冬季で、特に冬季の極寒（低温）をどのようにして克服するかが植物の生存にとって重要なのです。そこに植物の知恵があります。

　極寒の冬季に対応する（生物では、"適応" するといいます）ために、植物はあらかじめ成長を停止し、種子や樹木の冬芽など、寒さに耐えられる構造（器官）を整えて（後述します）、冬季を迎えます。このような植物の機能が「休眠（dormancy）」です。そして、冬季の十分な低温を経て（越冬して）、温暖な春になってから発芽して（休眠覚醒または休眠打破といいます）成長します（図8-1）。

　休眠しているかどうかを実験的に確かめるためには、休眠していると思われる植物またはその一部（種子や冬芽など。写真8-1、2と図8-2）をその植物の成長（発芽）に適した温度、水分、光、酸素などの環境条件に戻した時に成長を再開するかどうかで決まります。つまり、成長を再開しない場合が休眠している状態となります。冬に休眠している植物は越冬しないと、休眠が覚醒しません。植物が休眠覚醒するためには冬の低温を経験することが必要になります

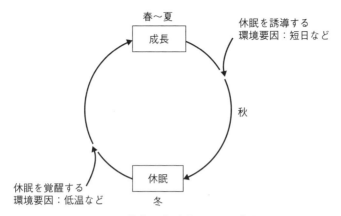

図 8-1　植物の生活環における休眠

冬季を休眠して過ごす植物は葉で短日を感じて休眠器官を形成し、その休眠器官は
冬季の低温を感じて成長を開始（発芽）します。
（Villiers（1975）、丹野（2011）を改変）

（実験的には冷蔵庫の低温で代用することが可能です）。植物は、避けることの
できない冬季の極寒を一方で耐え、他方必須として生命をつないでいるのです。
　動物でも特に、植物と同じように気温に応じて体温が変化する、昆虫などの変温動物にも休眠はあります。昆虫の休眠（昆虫では diapause と呼ばれます）を見てみると、夏季の休眠（夏眠、aestivation）と冬季の休眠（冬眠、hibernation）とがあります。夏眠については夏季の高温回避または乾燥に適応して、シロシタホタルガなどのように幼虫で夏眠する種、サンゴハムシ、クロツヤオサムシ科のヒラタゴミムシや、アオクサカメムシのように成虫で夏眠する種があります。冬眠についてはカイコとヤママユのように卵（卵とはいっても、卵内の胚の発育状態はそれぞれ、胚発生の初期の段階と幼虫の体がほぼ形成された段階とのように、異なります）が休眠して越冬し翌春孵化する種や、ニカメイチュウ、マツノマダラカミキリのように幼虫が休眠して越冬する種、ヨトウガのように 蛹 が休眠、越冬する種、また除草昆虫コガタルリハムシやチャバネアオカメムシなどのカメムシ類のように成虫が休眠、越冬する種などがあります。また、ヤガ（夜蛾）の仲間、カラストウヨのように、成虫が家屋の屋根裏や朽ち木の樹皮下で夏眠し、卵は越冬休眠する種もあります。こ

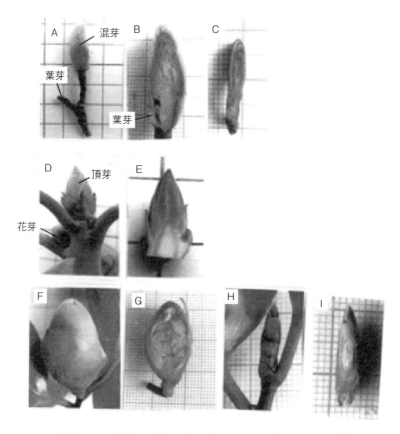

写真 8-1　樹木の冬芽 1（コブシ、エゾユズリハ、ツバキ）

多くの樹木は葉で日長（秋の短日条件）を感じて花芽や葉芽（一つの芽のなかに、花芽と葉芽が含まれているものを混芽といいます）を形成し、それが冬芽となって越冬して翌春発芽します。冬芽は鱗片葉（表面に細かい毛の生えた鱗片葉もあります）で被われています。これらの冬芽ではその内部に翌春発芽するべき花や葉がすでに形成されています。表面に細かい毛の生えた鱗片葉で被われたコブシ（*Magunolia kobus*）の混芽（A：外観、B：内部）と肉眼的には表面に毛が顕著でないビロードのような鱗片葉で被われた葉芽（A：外観、C：内部）、表面に毛のない鱗片葉で被われたエゾユズリハ（*Daphniphyllum humile*）の頂芽（茎の先端に大きく発達し、新たな茎を伸長させる葉芽。D：外観、E：内部）やツバキ（*Camellia japonica*）の花芽（F：外観、G：内部）、葉芽（H：外観、I：鱗片葉の一部を剥いで窺われる内部）です。冬芽の内部を観察するために、カッターナイフを用いて芽の先端から基部に縦断しました。A、D、Eの背景は 1cm 方眼、それ以外は 1mm 方眼。

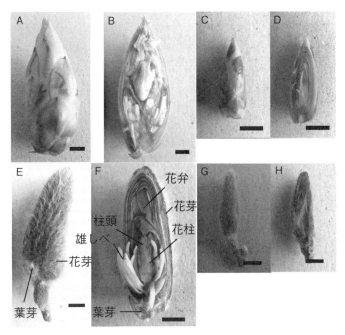

写真 8-2　樹木の冬芽 2（セイヨウシャクナゲ、シデコブシ）

鱗片葉で被われたセイヨウシャクナゲ（*Rhododendron hybridum*）の花芽（A：外観、B：内部）や葉芽（C：外観、D：内部）と、表面に毛のある鱗片葉で被われたシデコブシ（*Magnolia stellata*、ヒメコブシ）の混芽（E：外観、F：内部）や葉芽（G：外観、H：内部）。写真は越冬して休眠から覚めた時期の芽（外観と内部の写真は異なる芽）ですが、これらの樹種（両種とも園芸品種）でも、休眠に入る時点で翌春発芽すべき花（花芽）や葉（葉芽）が形成されていることを窺い知ることができます。特にシデコブシ花芽の写真（F）では、花弁、雌しべの柱頭と花柱、および雄しべが顕著です。また、セイヨウシャクナゲ（B）では一つの花芽（蕾）に複数の花が含まれています。図中の "‒" のスケールは 5mm。（丹野（2019）を改変）

のように、昆虫の休眠は、種によって、また卵や幼虫、蛹、成体のように発育段階によって多様で、その仕組みは複雑です。冬眠というと、哺乳動物のクマやシマリスなどにも見られ、これらの動物では冬をやり過ごすための習性で、その本質は周りの気温に応じて、体温調節機能を失うことなく体温を下げる仕組みにあるようです。

植物は冬季の到来をどのような環境要因の変化で知るのでしょうか。春・夏・秋・冬といった四季の中で大きく変化する環境要因としては、気温と日長（一日の中での昼・夜の長さの比）が考えられます。気温は、夏から冬にかけて徐々に変化して低くなりますが、その変化は日によって高かったり低かったりと安定しないことが多くあります。一方、一年を通じて恒常的に変化するのは日長です。植物は、昼の長さが夏至を境として秋から冬にかけ

写真 8-3　発芽しつつあるジャガイモの塊茎

ジャガイモは休眠が浅いので、室温で保存中にしばしば発芽します。写真では市販のジャガイモを室温で 59 日間保存しました。

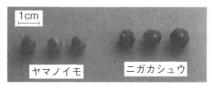

写真 8-4　ヤマノイモ属植物のむかご

上段：左　ヤマノイモ、右　ニガカシュウ（葉は右下の心臓型上半部）
下段：ムカゴ（ニガカシュウのムカゴの芽はピンク色に突出して、発芽の兆候があります）
ヤマノイモとニガカシュウは同じヤマノイモ属でも、系統的には種と属の間のランク（節）が異なります。（丹野（2011）から引用）

て短くなること（短日といいます）を感じとって冬が近いことを知るのです。

2.　休　眠　器　官

　休眠というと、皆さんには縄文時代のハスの花が甦った大賀博士のハスの種子をはじめとして、種子の休眠を思い起こすのではないでしょうか。休眠する性質（休眠性）を持っている植物の部分（器官といい、休眠する器官を休眠器官といいます）には、前述したように他に樹木の芽（いわゆる冬芽または越冬芽で、花芽や葉芽、それらが混じった混芽があります）(写真 8-1、2)やジャガイモの塊茎（写真 8-3）、さらに後で詳述するヤマノイモ属など草本植物のむかご（珠芽、無性芽）（写真 8-4）などがあります。これらの休眠器官は十分な水分を含んでいるので常時活発な代謝が進行していると考えられますが、種子は成熟して、散布時には乾燥状態にあり生存に最低限の水分しか含んでいないので非常に低い生理状態にあると考えられます。ここに樹木の芽・塊茎・むかごと種子との休眠時の生理状態の違いがあると考えられます。

　もう少し詳しく休眠器官の構造を見てみましょう。

種子の構造

　種子は発芽して幼植物体になる胚（胚軸と子葉からなります）と、胚の成長（胚軸の幼根が伸長して種皮を破ると、一般に種子の"発芽"になります）のために供給する栄養を貯蔵している胚乳（内乳とも呼ばれます）、それらを保護している種皮からなっています（図 8-2A）（さらに、その外側の雌しべの子房の組織から変化した果皮に包まれている種子を果実といいます。この意味で、レタスの種子は実は果実になります）。胚乳というと読者の皆さんは、米（白米：イネ種子の胚乳部分）、さらにその元になるイネの種子を思い起こすのではないでしょうか。単子葉植物であるイネ（図 8-3）やムギなどの種子（果実）の胚は特殊で（複雑で）子葉がありません。子葉に相当する部分としては胚盤とする説とか、胚盤＋幼葉鞘（子葉鞘）とする説など、諸説あるようです。また、マメ科の種子のように胚乳が退化して胚の一部である子葉に栄養を貯蔵している種子もあります（図 8-2B）。

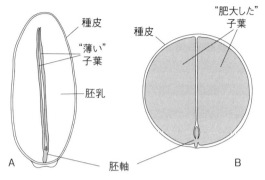

図8-2　種子の構造

有胚乳種子（ヒマなど）（A）では胚乳に栄養分が蓄えられていますが、無胚乳種子（エンドウなど）（B）では胚乳が退化して栄養分は胚の一部である肥大した子葉に蓄えられています。

（Villiers（1975）を改変）

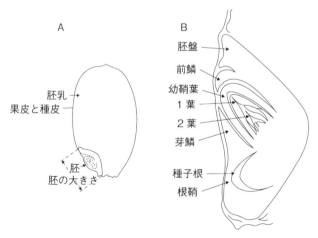

図8-3　イネ（*Oryza sativa*）種子の構造

A：玄米（果実）　B：胚

イネ種子には子葉がありません。子葉に相当する部分を胚盤とする説とか、胚盤＋幼葉鞘（子葉鞘）とする説などがあります。

（星川清親（1975）を改変）

草本植物の芽（塊茎・むかご）の構造

ジャガイモの塊茎を観察すると、塊茎には将来発芽する芽が、芽に補給する栄養を貯蔵している塊茎組織（いわゆる、「イモ」の部分）についています。芽は種子の胚に相当する構造として成長点とその近傍から分化した葉原基、その外側に数枚の幼葉、さらにその外側に鱗片葉が囲んで保護している構造をしています（図8-4）。ヤマノイモ属植物のむかごの芽（写真8-5）やシュウカイドウのむかごの芽（写真8-6、p.164）は、むかごが地上塊茎とも呼ばれるように、その芽もジャガイモの芽と類似の構造をしています。こうして見てくると、種子であれ、塊茎であれ、休眠器官には共通の構造があることがわかります。それらは将来発芽（成長）する部分とそれを保護している部分、さらに発芽のための栄養を貯蔵している部分です。

木本植物（樹木）の冬芽の構造

樹木の冬芽はどうでしょうか、樹木は秋になると冬季の極寒に耐えられる防寒具のような鱗片葉で被われた冬芽（写真8-1、2）を形成し、本格的な寒期に備えます。冬芽は越冬して翌春、暖かくなるとともに成長を開始して発芽します。樹木の休眠芽（冬芽）では、越冬して発芽するべき花や葉が休眠時にすでに形成されていることに特徴があります（写真8-1、2）。このような冬芽は植物体本体から独立していないので、発芽のための栄養は、種子や塊茎とは異なって芽がついている植物体本体から供給されることになります。

これらの休眠器官の中で、実際に休眠している部分（休眠の原因になっている部分）はどの部分でしょうか。種子の場合は種によっていろいろです。胚自身が休眠している種子もありますが、胚以外の部分に休眠の原因がある種子も多くあります。その場合、胚を保護している種皮を除くと胚は成長（発芽）を始めます。種皮は酸素や水の胚への供給を妨げていると考えられています。種子によっては吸水させただけで発芽するものがあります。このような種子は厳密には休眠しているとはいいがたいのですが、広い意味ではこれも休眠種子と考えられています。種子は通常乾燥状態にあり、乾燥に耐えるものですが、一方で乾燥に耐えられない種子もあります。

広葉樹のコナラ属の種子（果実）、総称してドングリは胚乳がなく、硬い果

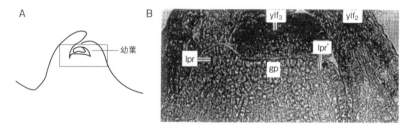

図 8-4　ジャガイモ（*Solanum tuberosum*）塊茎の芽の形態

A：芽の模式図　B：芽の顕微鏡写真（A の四角枠内）

gp：成長点；lpr、lpr'：葉原基；ylf₁、ylf₂：幼葉

（下村裕子・栗山悦子（1976）を改変）

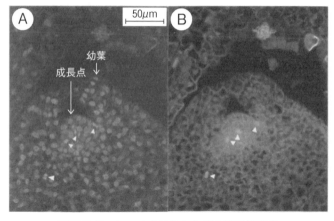

写真 8-5　ヤマノイモのむかごの芽の形態学

ヤマノイモのむかごの芽は成長点とその周辺に形成された幼葉（若い葉）、それらを被っている葉の変化した鱗片葉によって構成されています。休眠から低温処理によって完全に休眠から解除されて発芽しつつあるむかごの芽のほぼ同一縦断切片を、それぞれ DNA を染める染色法（A）と紡錘体（特に紡錘糸）を特異的に染める染色法（B）の 2 種類の染色法によって染色して細胞分裂の分裂像（細胞分裂中期から後期）を観察しました。図の△は分裂像（A と B で同一の細胞）を示します。むかごでは細胞分裂によって発芽すると考えられています。

（羽田裕子（2003）、丹野（2011）から引用）

皮と種皮（渋皮）に包まれた胚からなっていて、乾燥させると発芽能力を失う
とされています。ドングリには種によって2つの休眠タイプがあり、それら
は、散布後発根せずに休眠に入るタイプと散布後発根してそのままの状態で休
眠に入るタイプで、両者とも越冬して翌春発芽します。後者の休眠タイプのド
ングリでは果皮と種皮を除去すると胚軸が伸長促進することから、休眠に果皮
と種皮が関わっていると考えられています。

　休眠の深さ（休眠している期間の長さ）もいろいろです。ジャガイモは室温
で保存中に発芽することがしばしばあります（写真 8-3）。これは、ジャガイ
モは休眠が浅くて（休眠期間が短い）、休眠覚醒のために低温処理のような特
別な処理を必要とせずに自然に休眠が覚醒されるためです。このような休眠は
"厳密な"意味での休眠ではなく、厳密な意味での休眠とは後述する草本植物
のむかごの休眠に見られるように、休眠を覚醒させ発芽させるために低温処理
などの特別な処理を必要とする休眠をいうとの考え方があります。

3. 休眠を誘導する化学物質（休眠物質）

　植物の休眠の研究は、ジャガイモの塊茎や樹木の休眠芽で休眠を引き起こ
す物質（休眠誘導物質、休眠物質）を明らかにすることから始まったといっ
ても過言ではありません。北ヨーロッパでは食物として重要な作物のジャガ
イモなど、いろいろな植物からいろいろな休眠誘導物質が取り出されてきまし
た（表 8-1）。そのなかでもアブシシン酸［→ p.197］の発見の経緯は特筆に値
するでしょう。1949 年、スウェーデンのヘンバーグはジャガイモの芋（休眠
塊茎）から、後にソラマメから取り出された β-インヒビター（β-inhibitor、
（成長）抑制物質の意。成長調節物質が発見された順に α-、β- と命名、ちな
みに α- は促進物質）という酸性の成長抑制物質と同じであることが判明する
休眠物質を取り出したのがその始まりでした。その後、1960 年代になってイ
ギリスのウェアリングらはカバノキなどの樹木の休眠芽から、休眠の英語名
（dormancy）にちなんでドルミン（dormin）と命名された休眠物質を取り出し
ました。一方で、1963 年になってアメリカでアディコットらがワタの果実

表 8-1　休眠に関わる成長調節物質の研究の歴史

年	研究者	植物、器官など	研究内容
1926 年	黒沢英一（Kurosawa, E.）	イネ馬鹿苗病	イネ馬鹿苗病菌（*Gibberella fujikuroi*）の毒素が原因
1935 年〜1938 年	薮田貞次郎（Yabuta, T.）、住木諭介（Sumiki, Y.）	馬鹿苗病菌培養液	毒素ジベレリン（gibberellin）の単離
1949 年	ヘンバーグ（Hemberg, T.）	ジャガイモ塊茎	酸性休眠物質の単離 休眠の抑制物質仮説提案
1953 年	ベネットークラーク（Bennet-Clark, T.A.）、ケフォード（Kefford, N.P.）	ソラマメ、ヒマワリ	酸性成長抑制物質 β-インヒビター（β-inhibitor）
1959 年	クロス（Cross, B.E.）ら		ジベレリン酸（gibberellic acid、ジベレリン A_3）の構造提唱
	ヘンダーショット（Hendershott, C.H.）、ウォルカー（Walker, D.R.）	モモの休眠花芽	ナリンゲニン（naringenin）の単離同定
	長尾昌之（Nagao, M.）、三井英二（Mitsui, E.）	シュウカイドウのむかご	ジベレリン酸による休眠誘導（ジベレリン―誘導休眠）
1962 年	マックカプラ（McCapra, F.）ら		ジベレリン酸の構造決定
1963 年	ウェアリング（Wareing, P.F.）ら	カバノキ属樹木の休眠芽	休眠物質ドルミン（dormin）の単離
		カエデ属植物の休眠芽	ドルミンと β-インヒビターが同一
	アディコット（Addicott, F.T.）ら	ワタ幼果	酸性落下促進物質アブシシン II（abscisin II）の単離、同定
1965 年	トーマス（Thomas, T.H.）、ウェアリング（Wareing, P.F.）ら		ジベレリンはドルミンの拮抗抑制剤
1966 年	コーンフォース（Cornforth, J.M.）ら		アブシシン II の化学合成 セイヨウカジカエデのドルミンがアブシシン II と同一
1967 年	第6回国際成長物質会議		アブシシン II、ドルミンはアブシシン酸（abscisic acid）に統一
	コルガン（Corgan, J.N.）	モモの休眠花芽	プルニン（prunin、ナリンゲニンの配糖体）の単離同定
	バスキン（Baskin, J.M.）	マメ科（*Psoralea subacaulis*）の休眠種子	プソラレン（psoralen）の単離同定
	岡上伸雄（Okagami, N.）	ナガイモのむかご	ジベレリン酸による休眠誘導（草本植物のむかごでは、ナガイモはシュウカイドウに次ぐ発見）
1969 年	ヴァリオ（Valio, I.F.）ら	ゼニゴケ葉状体	成長抑制物質ルヌラリン酸（lunularic acid）の単離同定
1970 年	テイラー（Taylor, H.F.）、バーデン（Burden, R.S.）	インゲン矮性品種芽生え	成長抑制物質キサントキシン（xanthoxin）単離同定
1972 年	橋本徹（Hashimoto, T）、長谷川宏司（Hasegawa, K.）ら	ナガイモの休眠むかご	バタタシン（batatasin）類の単離同定
2008 年	吉田隆浩（Yoshida, T.）、岡上伸雄、丹野憲昭（Tanno, N.）ら	ヤマノイモのむかご	ヤマノイモのむかごの ジベレリン―誘導におけるアブシシン酸代謝（合成と異化）遺伝子の発現

（丹野（2017）を改変）

から果実を落下させる酸性の物質を取り出し、この物質に落葉などの器官脱離の英語名（abscission）にちなんでアブシシン（abscisin）IIと命名しました。アブシシンIIと先の*β*-インヒビターとドルミンとの化学構造が一致したことから、これらの物質は1967年カナダのオタワで開催された第6回国際植物成長物質会議でアブシシン酸（abscisic acid）として統一されました。このように、植物の示す異なる現象の仕組みを極める研究から同一の原因物質にたどりついたことはこの種の研究の妙味といえるのではないでしょうか。

　今日では一般に、アブシシン酸には植物のいろいろな成長抑制作用が知られていますが、その一つに、いろいろな植物の種子や樹木の冬芽などの休眠を誘導する働きがあると考えられています。ジャガイモでの最近の研究では、休眠を誘導するアブシシン酸のほかに休眠にはその維持にエチレンという気体が関与していることが明らかになってきました。この情報は一般にも普及しているらしく、最近では近所のスーパーマーケットのジャガイモ売り場にも「発芽を抑えてジャガイモを長持ちさせるためには、リンゴを一緒に置くとよい」との張り紙を見かけるくらいです。エチレンは植物の老化や果実の成熟を促進する常温で気体の物質で、リンゴは、リンゴ自体が放出したエチレンによって成熟することが知られています。

　これまでお話してきたアブシシン酸やエチレン、それに後述するジベレリンなどの物質は特に植物ホルモン（今日では、植物成長調節物質とも呼ばれます）と呼ばれることがあります。植物ホルモンは植物自身が生産し、微量で植物の成長現象（休眠も成長現象の一つと考えることができます）に作用する物質の総称で、そもそも植物の光屈性の研究から1934年にオーキシン（ギリシャ語で成長物質の意）という物質が発見され、オーキシンを植物ホルモンと呼ぶことが動物でのホルモンの働きとの類似性とから発想されました。

4. 休眠覚醒・発芽誘導物質 ― ジベレリン ―

　ここで、休眠に関わるもう一つの物質に触れておきましょう。多くの植物で休眠を覚醒して発芽を誘導するジベレリン（gibberellin）という物質です。ジベレリンというと読者の皆さんはジベレリン処理による種（たね）なしブドウ（デラウェアなどの品種）を思い起こすのではないでしょうか。これは、ジベレリン（特に、ジベレリン A_3、これについては後で述べます）を農作物に利用するための試験研究の一環として我が国で 1960 年から 1961 年頃に開発された技術です。後述するようにジベレリンには一般に植物の伸長成長を促進する作用があるので、デラウェアにジベレリン水溶液を散布して穂軸（すいじく）を伸長させ、果房に果粒が密生するのを防ぎ果房を大きくする目的のジベレリンの応用試験で、穂軸の伸長のほかに散布時期によっては無核果（種なしブドウ）ができることが偶然発見されました。研究の結果、ジベレリンには花粉形成を阻害することと、果実を肥大させる作用があることが明らかになりました。種なしブドウ栽培のために、今日では開花前（品種によって多少異なりますが、デラウェアでは満開予定日の 14 日前）に 1 回目の散布、そして開花後（1 回目の処理日の 10 日後）に追加散布と 2 回のジベレリン A_3 水溶液の散布（果房を浸漬）が普及しています。

　そもそもジベレリン研究の発端になったのは、日本でのイネが異常に成長する（イネの草丈が伸びる）イネの馬鹿苗病の研究からでした。馬鹿苗病はイネがイネ馬鹿苗病菌（カビの一種）に侵されることに起因します。当初、研究の主要な舞台は当時日本に属していた台湾でした。1926 年台湾農事試験場の黒沢英一博士はイネ馬鹿苗病菌を培養した培養液にその原因物質（毒素）が含まれていることを突き止めました。その後 1935 年、その毒素を探求する研究は東京帝国大学（東京大学）の農学部農芸化学の薮田貞次郎・住木諭介両教授の研究室で進められ、イネ馬鹿苗病菌（*Gibberella fujikuroi*）の学名にちなんで命名されたジベレリンという物質（毒素）が取り出され、結晶化に成功しました。しかし、ジベレリンの化学構造は決定されないままに第二次世界大戦

が始まり、そして日本での研究は中断されました。これらの研究は日本語で発表されていたので、日本国外で広く知られることはあまりなかったと思われます。戦後、欧米（アメリカとイギリス）で日本でのジベレリンの研究が取り上げられました。はじめ、ジベレリンは米陸軍の研究所で生物化学兵器として軍事利用の観点から注目されたようですが（植物ホルモンのオーキシンの一種、2, 4-D などの人工オーキシンの合成粗製品がベトナム戦争の枯れ葉作戦として、オーキシン発見のウェントやケーグルの意図に反して米軍によって軍事転用されたことはよく知られています）、ジベレリンには幸いにもそのような可能性がないことが判明しました。そこで 1950 年になって、日本国外で初めてアメリカの植物病理学会でジベレリンは *Fusarium moniliforme*（*G. fujikuroi* の別名）の生産する植物の成長を促進する物質として発表され、毒素から発想が転換されて研究が進められました。初めてジベレリンの化学構造がジベレリン酸（gibberellic acid、ジベレリン A_3）として決定されたのはイギリスで、1959 年のことでした。その後、日本人研究者の努力によって今日では日本はジベレリンのみならず植物ホルモン研究の世界の中心的拠点の一つになっています。ジベレリン研究のこのような展開は当時の世界情勢を反映していて興味深いです。

　ジベレリンはある化学構造（エント・ジベレラン骨格といいます）を有する一群の物質に与えられる名称で、今日では 130 種類以上のジベレリンが知られています。そのため、ジベレリンはジベレリン類と呼ばれることがあり、原則として化学構造が決定された順にジベレリン A_1 のように表記されます。ジベレリン類のなかでジベレリンとしての作用のあるジベレリン（活性型ジベレリンといいます）は3種類（ジベレリン A_1、ジベレリン A_3 とジベレリン A_4）〔→p.197〕のみで、その他のジベレリン類は活性型ジベレリンを合成するための元になるジベレリンか、活性型ジベレリンから化学構造が変化してジベレリンとしての作用のないジベレリンです。今日では、ジベレリンは植物の成長を調節する（特に、伸長成長を促進する）植物ホルモンの一つと考えられています。

　ジベレリンは早くからアブシシン酸の作用を阻害する物質としても知られていました（表8-1）。今日一般には、樹木の冬芽、種子や塊茎などの休眠は

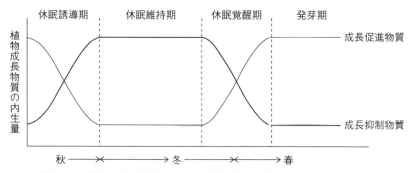

図 8-5　休眠の発達過程における植物成長物質の内生レベルの変化

一般に、休眠は休眠器官内の成長抑制物質（アブシシン酸）と成長促進物質（ジベレリン）の量的バランスによって制御されていると考えられています。休眠覚醒期は冬から春にかけてになります。

（Arteca（1995）、丹野（2011）を改変）

アブシシン酸によって誘導され、休眠覚醒から発芽はジベレリンによって誘導されると考えられています（図8-5）。ジャガイモ塊茎の休眠の維持にはエチレンが関与していることは前述しました。

5. ヤマノイモ属植物のむかごの休眠 ― ジベレリン‐誘導休眠 ―

　ここで筆者らが長年研究してきた"ヤマノイモ属（*Dioscorea*）植物のむかご"の特異な休眠のお話をしたいと思います。

　はじめに、ヤマノイモ属植物やむかごについて紹介しましょう。ヤマノイモ属植物は、といっても読者の皆さんにはあまりなじみがないかもしれませんが、スーパーマーケットなどで見かけるナガイモ（*D. opposita*）またはヤマイモ（ナガイモ類の通称で、ヤマノイモとは異なります）とその仲間の植物です。ナガイモは中国大陸から伝わった栽培種ですが、ヤマノイモ（*D. japonica*）は自然薯としても知られている日本古来の野生種です。両種はヤマノイモ属（属は分類学上の種の上位のグループ）の中でも非常に近縁で、肥大した地下部分（イモの部分で形態学的には茎の性質を備えているので塊茎です。塊茎は一年ごとに発芽のためにその栄養分が消費されて消滅し、そのたび

に新たに前年のものより肥大したものが新生されます）とむかご（写真 8-4）
をつけるのが特徴です。イモはトロロ汁などにして、またむかごは「むかご
飯」として古くから食べられていました。

　ヤマノイモ属の植物にはヤマノイモやナガイモのほかにも私たちになじみ
のある、万葉集や古事記、枕草子の昔から知られているトコロ（*D. tokoro*、
オニドコロ）という植物があります。トコロは江戸時代になると救荒植物（根
茎という、一年ごとに発芽のたびに消滅することなくそのまま大きくなる地
下部分をアク抜きして食用に供します。ヤマノイモ属植物の地下部分には種に
よって塊茎と根茎とがあります）として、また根茎にひげ根の多いことから
海の海老に対する長寿の老人に例えて「野老」とも書かれ、長寿を象徴する縁
起物として日本各地に今日まで伝えられています。トコロの他に日本列島には
南から北へヤマノイモ属に属するいろいろな野生種が連続的に分布しています
（図 8-6）。このような分布を決めている主な要因は冬季の低温に対する適応の

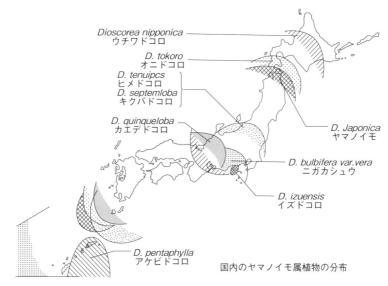

図 8-6　日本列島におけるヤマノイモ属植物の分布
日本列島には南から北にヤマノイモ属のいろいろな野生種が連続的に分布しています。
このような分布の主な要因は冬季の低温に対する適応によると考えられています。
（田丸一成（1992））

違いだと考えられています。

　草本植物（ナガイモやヤマノイモ、シュウカイドウなど）のむかごの休眠に関する研究は東北大学の長尾昌之教授の研究室で集中的に活発に行われてきました。シロイヌナズナやレタスの種子、ジャガイモ塊茎など多くの植物の休眠が植物ホルモンのジベレリン処理で覚醒（打破）されるのに対し、逆に、シュウカイドウ（*Begonia evansiana*）のむかご（写真8-6）の休眠はジベレリンによって誘導される

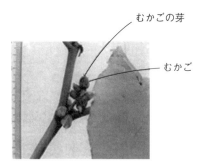

むかごの芽

むかご

写真8-6　シュウカイドウのむかご
草本植物のむかごのジベレリン−誘導休眠はシュウカイドウのむかごで初めて発見されました。晩秋葉が短日を感じ、腋芽が肥大して、休眠性を獲得したむかごになります。

こと（「ジベレリン−誘導休眠」と呼ばれます）が長尾昌之と三井英二（1959年）によって発見されました。それ以来、ナガイモやヤマノイモのむかごでもジベレリン−誘導休眠を発見した岡上伸雄（千葉大学）をはじめ、多くの門下生によって貴重な研究がなされてきました。

　ヤマノイモ属植物の休眠の先駆的研究者である岡上伸雄の研究によると、ヤマノイモ属の野生種の種子の休眠性（休眠する性質の意ですが、休眠とほぼ同義）は南方に分布する種から北方に分布する種に向けて、意外にも、分布とは逆に休眠性を失う方向に適応して種分化したと考えられています。また、岡上伸雄と長尾研究室出身の照井啓介（岩手大学）の研究によって、このような種子の休眠性の原因は胚ではなく、胚を取り囲んでいる部分（胚乳）にあることが明らかにされています。シュウカイドウのむかごでも、休眠むかごから切除した芽を試験管培養すると切除芽は発芽することから、芽以外のむかご組織に休眠の原因があることが長尾研究室出身の趙秀采（藤田保健衛生大学、現藤田医科大学）によって明らかにされています（ナガイモのむかごでも同様の実験が行われましたが、休眠むかごからの切除芽は発芽しませんでした。この結果からナガイモのむかごでは芽そのものに休眠の原因があるとはいいきれません）。

　ヤマノイモやナガイモの蔓についている葉柄の付け根の腋芽が夏の初め頃から、徐々に肥大し、秋には長径 1cm ほどのむかご（写真 8-4）に成長します。むかごの休眠性はむかごの肥大とともに深くなります。晩秋、落葉とともにむかごは地上に落下し、極寒の冬季を発芽・成長せずに休眠して過ごします。翌年春先の温暖な気候とともに発芽・成長を開始し、その芽生えはヤマノイモやナガイモのそれぞれの植物体に成長します。ヤマノイモと同様に葉柄の基部にむかごを形成するシュウカイドウの葉のついた切り枝（茎）を用いた実験で、短日条件を感受するのは葉で、短日期間の長さに応じて葉柄基部に生じたむかごは肥大し、休眠も深まることが長尾研究室出身の江刺洋司（東北大学）によって明らかにされています。草本植物には必ずむかごが形成されるわけではありませんが、むかごの形成は草本植物に特徴的な繁殖手段です。

　ヤマノイモなどのむかごは、その構造がジャガイモの塊茎に似ていて、芽と貯蔵組織（むかご組織）からなっていることは前述しました。むかごは種子のように一個体に多数形成され散布されますが、むかご組織に含まれる栄養分が種子の胚乳に比べて圧倒的に多量なので、有性生殖によって生じた種子と違って栄養繁殖による多数の個体（クローン個体といいます）を容易に形成し増殖しやすいという利点を備えています。むかごで繁殖する草本植物には種子を形成しないものも多いのですが、シュウカイドウやヤマノイモはむかごのほかに種子も形成します。種子には有性生殖による遺伝子の交雑があるので、環境の変化に強いという利点があります。このようなことも、いかなる環境でも生存を可能にする植物の知恵といえるのではないでしょうか。

6.　むかごのジベレリンと休眠誘導物質

　むかごの発芽を抑制して休眠をジベレリンが誘導することは前に述べました。実験室では、むかごをバット（またはトレイ）の中に敷いた蒸留水で湿らせた脱脂綿の上に並べ、冬季の低温の代わりに冷蔵庫（2℃程度）に数カ月間（3 カ月程度）入れると（低温処理と呼びます）、むかごの休眠は覚醒します。このようにして休眠覚醒したむかごをジベレリンの水溶液で浸した脱脂綿

上に並べて常温（22℃程度）で1カ
月程度培養すると、むかごの発芽は
抑制されます（図8-7、写真8-7）。
このようにして、むかごのジベレリ
ン−誘導休眠を確かめることができ
ます。ジベレリン−誘導休眠と呼ん
でいる理由は、ジベレリンによる発
芽抑制は低温処理によってしか回復
（発芽の再開）されないからです。

　ジベレリン−誘導休眠はむかご
に外部からジベレリンを与えたこと
による人為的な休眠ではなく、自然
状態の休眠でもむかごの中でジベレ
リン（内生ジベレリンと呼ばれる場
合があります）が誘導しているので
しょうか。植物の示すある現象（例
えば、休眠）にジベレリンのように
微量で作用する物質が、実際に植物
体内で働いているかどうかを調べる

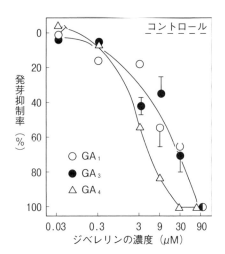

図8-7　ナガイモのむかごにおけるジベ
　　　　レリンの発芽抑制
ジベレリンのなかでジベレリン A_1 とジベレ
リン A_3、ジベレリン A_4 は活性型ジベレリン
（図中では、GA_1、GA_3、GA_4 と略記）といわ
れる代表的なジベレリンで、すべてむかごに
含まれています。これらのジベレリンはそれ
ぞれ、低温処理によって完全に休眠が解除さ
れたむかごの発芽を抑制します。
（丹野（2011）から引用）

ことは容易ではありません。私たちがむかごに外部からジベレリンを与えるの
は、むかごの休眠に内生ジベレリンが関わっているかどうか、その可能性を
容易に判断するためです。つぎにジベレリンのような微量物質が実際にむかご
の体内で働いていることをより確実に示すために、ジベレリンの生合成阻害剤
（植物を矮化させる農薬として知られています）として知られている物質（薬
剤）をむかごに与えて、その発芽に対する効果を調べます。ヤマノイモ属植物
の休眠しているむかごがジベレリン生合成阻害剤（ウニコナゾールなど）処理
によって発芽すること（写真8-7）がわかりました（ジベレリン生合成阻害剤
がその効果を発揮するためには、写真8-7にあるようにいくぶん休眠が醒めか
かったむかごで実験することが肝要です。また、この種の生合成阻害剤処理で

写真 8-7　ヤマノイモの半休眠むかごにおけるウニコナゾールとフルリドンによ
　　　　　る発芽促進

ウニコナゾールとフルリドンという薬剤はそれぞれジベレリンとアブシシン酸の生合成阻
害剤。フルリドンはアブシシン酸の元になるカロチノイド経由のアブシシン酸生合成阻害
剤なので、明所培養にもかかわらず芽生えの色素形成が阻害されています（ウニコナゾー
ルで培養されたむかごの葉は緑色）。生合成阻害剤を用いたこの種の実験では、写真にあ
るようにいくぶん休眠が醒めかかったむかご（約半分のむかごが発芽するくらい休眠が覚
めたむかご：半休眠むかご）を用います。このようなむかごでは、休眠維持のために植物
体内でジベレリンやアブシシン酸が不断に合成されているので阻害剤が効きやすいと考え
られるからです。このことから、むかごの休眠に内生の（むかご内で合成された）ジベレ
リンやアブシシン酸が関与していることが示唆されます。　　　　（丹野（2011）から引用）

はその処理期間は長過ぎないことも重要で、処理後はむかごを蒸留水で培養し
ます。このような半休眠のむかごでは、休眠維持のために植物体内でジベレリ
ンが不断に合成されていると考えられるからです）。このことから、むかごの
休眠に内生ジベレリンが関与していることが示唆されます。

　そこで、実際にむかごからジベレリンを取り出すことになりますが、ジベ
レリンなどのような微量物質をむかごの体内から取り出すことは、それほど容
易ではありません。1992 年になって、筆者らはナガイモのむかごに含まれる
内生ジベレリンを取り出すことにチャレンジしました。その時用いたナガイモ
のむかごの量は約 50kg でした。ジベレリンのような微量物質はアセトンなど
の有機溶媒と呼ばれる溶媒に溶けやすいので、むかごをその溶媒中で粉砕し、
その上澄み液（抽出液といいます）をいろいろな方法で分け取ります（分画と

いいます）。最終的には取り出した物質がジベレリンであることをその化学構造から物理・化学的に確認するのですが、その前段階としてジベレリンに特徴的な生物活性を目印にしてジベレリンが含まれている分画（上澄み液）を特定します。この方法はバイオアッセイ（生物検定）といって、ジベレリンの有無を簡便に知る方法です。これは低濃度でもジベレリンに敏感に反応する植物（矮性イネの芽生え）に与えてその植物の反応を知る方法です。最終的にナガイモのむかごから、活性型ジベレリン（生物活性のあるジベレリン）であるジベレリン A_1 とジベレリン A_3、ジベレリン A_4 を含めて9種類のジベレリン類が取り出されました。

　ここで改めて、むかごの休眠物質について考えてみましょう。ジベレリンは一般に植物の伸長成長を促進する植物ホルモンであることから、これまでジベレリンが直接休眠を誘導するというよりは何らかの休眠物質を介して間接的に休眠を誘導する可能性の方が検討されてきました。

　アブシシン酸はナガイモのむかごから橋本徹らによって1968年にすでに取り出されていましたが、むかごから取り出されたアブシシン酸を含む抽出物はむかごの休眠を完全には誘導しませんでした。そのため、ナガイモのむかごのジベレリン−誘導休眠ではアブシシン酸以外の成長抑制物質が注目されてきました。長尾研究室出身の橋本徹と長谷川宏司ら（1972年）はジベレリン処理したナガイモのむかごからその成長抑制物質（発芽抑制物質）の検索を試みました。結果として、3種類のバタタシン（batatasin）（ナガイモの旧学名（*D. batatas*）から命名されました）［→ p.197］という中性のフェノール性物質が取り出されました。そして、バタタシンは自然条件下でもむかごの休眠が深まるにつれてむかご中で増量し、低温処理で減少し、さらにジベレリン処理で増量することや、適度の低温処理で休眠から覚めかけているむかごに、むかごから抽出したバタタシン抽出物を与えるとむかごの休眠が誘導されることも明らかにされました。これらのことから、バタタシンがナガイモのむかごの休眠誘導物質であると考えられました。今日までに5種類のバタタシン［→ p.197］が知られています。

　それではやはり、ヤマノイモのむかごでもアブシシン酸はジベレリン−誘導休眠に関与していないのでしょうか。アブシシン酸のむかごの休眠物質とし

ての可能性を再び考えてみたいと思います。1990年代に入って、入手しやすくなった天然型のアブシシン酸は、休眠から醒めたヤマノイモのむかごの発芽を抑制しました（写真8-7）。さらに、ヤマノイモの休眠から醒めつつあるむかごの発芽がアブシシン酸の生合成阻害剤として知られるフルリドンという薬剤の処理によって抑制されることが観察されました（写真8-7）。ここにも、先にジベレリンの生合成阻害剤の効果のところで述べたような考え方があります。これらのことはヤマノイモの発芽の抑制に内生アブシシン酸が関与していることを示唆しています。

　アブシシン酸はジベレリンに比べて化学的に不安定な（アブシシン酸の化学的立体構造は変化しやすい）物質であるためか、アブシシン酸が発芽を抑制する濃度はジベレリンの抑制濃度より高く、またアブシシン酸による発芽抑制はジベレリンによる抑制に比べて持続性に乏しい傾向にあります。けれども、

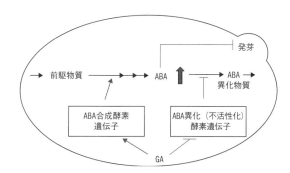

図 8-8　ヤマノイモのむかごにおけるジベレリンによるア
ブシシン代謝遺伝子の発現調節

→：促進　⊥：抑制

ジベレリン（図では、GAと略記）は一方でアブシシン酸（図では、ABAと略記）合成の鍵酵素遺伝子の発現を促進してアブシシン酸の元となる物質（図では、前駆物質）からアブシシン酸が合成されることを促進し、他方でアブシシン酸の不活性化（異化）の鍵酵素遺伝子の発現を抑制して、アブシシン酸が不活性化された物質（図では、ABA異化物質）になることを抑制して、結果としてむかご内のアブシシン酸の量を増加させることによって、むかごの休眠を誘導・維持していると考えられます。
（吉田ら（2008）、丹野（2011）を改変）

これらのことからアブシシン酸がヤマノイモのむかごの休眠に関与している可能性は否定できません。また今日では、ヤマノイモのむかごが発芽した芽生えからアブシシン酸の合成と不活性化（アブシシン酸の作用が失われることで、合成に対して異化ともいいます）、それぞれに関わっている主要な鍵となる酵素の遺伝子が取り出されています。さらに、ヤマノイモのむかごにおいてジベレリン処理によってアブシシン酸合成の主要な酵素の遺伝子の発現（遺伝子の転写物の量から間接的に測定します）が上昇し、アブシシン酸不活性化の主要な酵素の遺伝子の発現が下降すること、また結果として、内生アブシシン酸（「内生」とは、詳しくは、植物体内で生成され、その植物体内に存在するの意。ここでは平易に、むかご内のアブシシン酸）の量が上昇することが明らかになっています。ここでの締めくくりとして、現在、筆者らが考えているジベレリンがアブシシン酸を介してむかごの休眠を誘導しているとの仮説（図8-8）を示しましょう。

7. おわりに

ヤマノイモ属植物の特異な休眠、「ジベレリン−誘導休眠」において、ジベレリンは間接的にジベレリン以外の成長抑制物質を介して休眠を誘導しているという可能性が検討され、その候補物質としてバタタシン類とアブシシン酸が提案されてきました。化学合成されたバタタシン類とアブシシン酸との発芽を抑制する効果（休眠誘導効果）はジベレリンに比べて劣る（ジベレリンの濃度が低い）などの問題が指摘されています（ジベレリン→バタタシン、アブシシン酸などの

写真8-8　カルガリー大学で開催された国際学会（1996）にて

左端はファリス（Pharis, R.）教授（2018年没）、右端は筆者。筆者は1996年から1997年にかけてほぼ10カ月間、カナダ・カルガリー大学の同教授の研究室に滞在して、研究に従事しました。

休眠物質 → 休眠という作業仮説が成り立つとすれば、休眠物質の効果的濃度がジベレリンより低い方が合理的です）。ジベレリンや休眠物質（バタタシンやアブシシン酸など）の代謝速度など、分子レベルでのさらなる詳細な検討が望まれます。そのうえで、一般に休眠を覚醒するジベレリン、もちろんナガイモでも茎（蔓）を伸長させることが明らかにされているジベレリンが、なぜヤマノイモ属植物の休眠を誘導するように働くのか、そのスイッチのような仕組みについては未だに謎のままです。

参考文献

丹野憲昭「休眠」長谷川宏司・広瀬克利編『最新 植物生理化学』大学教育出版、2011 年、pp. 226-305

丹野憲昭「休眠のしくみ」植物生理化学会編集、長谷川宏司監修『植物の知恵とわたしたち』大学教育出版、2017 年、pp.192-221

丹野憲昭「植物と極寒とのコミュニケーション ― 休眠と発芽（秋・冬から春へ）―」長谷川宏司・広瀬克利・井上 進編『植物の多次元コミュニケーション』大学教育出版、2019 年、pp.57-70

荒木肇・岡上伸雄編『Dioscorea Research』No.1、Research Group of Dioscoreaceae Plants（RGDP）、1998 年

丹野憲昭・岡上伸雄『Dioscorea Research』No.2（『Dioscorea Research 2（2020)』）、Research Group of Dioscoreaceae Plants（RGDP）、2020 年

鈴木善弘、『種子生物学』東北大学出版会、2003 年

藤伊正『植物の休眠と発芽』UP BIOLOGY 東京大学出版会、1975 年

星川清親『解剖図説イネの生長』農山漁村文化協会、1975 年

下村裕子・栗山悦子「$^{60}CO\gamma$ 線照射食品の組織変化に関する研究（3）非照射ジャガイモの芽の発育形態」『植物研究雑誌』51、1976 年、pp.303-311

木村恵・山田浩雄・生方正俊「コナラ属樹種における種子の長期保存に関する問題点」『森林遺伝育種』4、2015 年、pp.105-114

田村三郎監修・加藤辨三郎編『奇跡の植物ホルモン ― ジベレリンの科学と応用 ―』研成社、1981 年

神村 学「特集「昆虫の休眠 ― 再び ―」にあたって」『蚕糸・昆虫バイオテック』84、2015 年、pp.97-98

森田哲夫「哺乳類の冬眠に関する生態生理学の最近の展開」『哺乳類科学』35、1995 年、pp.1-20

高垣順子『「かてもの」をたずねる』歴史春秋社、2009 年、pp.79-82

第**9**章

実験モデル植物シロイヌナズナとは？

1. はじめに

　皆さんはナズナという植物は知っておられると思います。この植物はお正月の七草がゆに入れる春の七草のひとつですね。本章で紹介するシロイヌナズナはナズナと同じアブラナ科の仲間ですが、この植物は、野菜としての利用価値はなく、道端にひっそりとはえている小さな雑草です（写真 9-1）。春先の道端にはえていると思いますので探してみてください。

　実はシロイヌナズナは、研究材料や教材植物として 1980 年代から知られていました。それは、「染色体数が少ない（2n ＝ 10 個）」「からだが小さいので狭い実験室でも栽培できる」「生育条件によっては約 1 カ月で、発芽、成長、開花、結実して一生を終える。この性質を利用して年に何回も実験することができる」「1 個体の植物から種子が多く採れ

写真 9-1　シロイヌナズナの全形

る（条件によっては、1株の植物から1万粒以上）」「簡単に突然変異体をつくることができる」などの実験に適した性質を持っています。また、この植物は試験管の中で一生を終えることができます。この方法で育て、種子を採ると無菌植物を育成することもできます。

　1980年代にシロイヌナズナのゲノム（生物が自らを形成・維持するのに必要な最小限の遺伝子群）の量が植物の中できわだって少ないことがわかり、分子遺伝学の進展の中で改めて注目されるようになりました。さらに、2000年には国際ゲノム研究協力組織によりゲノムの全塩基配列が解明され、実験モデル植物として植物学の分野で広く利用されるようになりました。2018年には、第29回国際シロイヌナズナ研究会議（ICAR2018）がフィンランドで開かれました。

　本章では、この経済的には無価値なシロイヌナズナが、なぜモデル植物として広く用いられるようになったか、その理由と本植物を用いた研究例などについて説明したいと思います。

表9-1　植物のゲノム量と遺伝子数

植物名	ゲノム量（Mbp*）	遺伝子数
シロイヌナズナ	115	28,253
イネ	370	29,000
トウモロコシ	2,300	32,000
コムギ	17,000	?
トマト	900	40,000
キュウリ	350	27,000

*Mbp＝100万塩基対

　本論に入る前に筆者とシロイヌナズナの出会いを紹介します。筆者は東北大学理学部の生物学教室で植物生理学講座の長尾昌之教授の指導で修士課程を終えました。長尾教授は植物生理学のバイブルともいわれている"Phytohormons"（植物ホルモン、1937年）の学術書に日本人でただ一人、論文（1936年）が紹介された日本を代表する研究者レジェンドでした。

　筆者はその後、東北大学教養部（清水芳孝教授）に助手として奉職しました（1965年）。清水教授からは生理学と遺伝学の両方をカバーする研究を勧められました。そこで、当時アメリカやヨーロッパで研究や教育の材料として盛んに用いられていたシロイヌナズナを研究材料として選びました。前述のように、シロイヌナズナは食料にもならず、人間の役に立たない小さな雑草のひとつでした。そのような草を研究しようとする人は当時の日本にははとんどいませんでした。しかし、私の就職した教養部は、実験室も狭く、予算も少なく、手伝ってくれる人もいないという、「三無い研究室」でした。そのような研究室にとって、シロイヌナズナは、からだが小さく、生活史も短く、栽培に人手もかからない、という好都合の植物でした。その時から50年近く、筆者の唯一の研究対象となりました。当時は、この植物が、現在のように、さまざまな現象の解明に貢献するようになるとは思っていませんでした。以上、筆者のシロイヌナズナとの出会いについて簡単に紹介しました。

　その後、宮城教育大学（1976年）に転勤してからは、シロイヌナズナの突然変異体の生理的な発現機構を調べていました。たまたま、1985年にフランクフルト大学のクランツ（A. R. Kranz）教授の研究室へ在外研究員として留学した縁で、クランツから、シロイヌナズナおよび関連植物の全種子ストック（AIS：Arabidopsis Information Service）を供与されました。筆者は、そのストックをもとに1993年、「仙台シロイヌナズナ種子保存センター」（SASSC）を開設し、シロイヌナズナのエコタイプ、近縁種などの収集・保存・供与の活動を行いました。2004年、筆者の停年退職とともにSASSCの全ストックを理化学研究所（理研）・筑波研究所・バイオリソースセンター（BRC）へ寄託しました。

　シロイヌナズナのストックセンターはアメリカとイギリスにもあり、それぞれ研究者の研究活動を支援しています（表9-2参照）。筑波のBRCでは、シロイヌナズナ・エコタイプや近縁種のほか、いくつかの植物の培養細胞、DNA、完全長cDNAなどの収集・保存・供給を行っています。

　それでは、シロイヌナズナがなぜ「シンデレラ植物」と呼ばれるようになったのか、本題に入りたいと思います。

2.　研究の歴史

　シロイヌナズナの研究の歴史を表9-2に示します。シロイヌナズナを遺伝や生理の研究材料として初めて用いたのは、本植物の染色体数が10個であることを見いだしたドイツのLaibach（1943）といわれています。その後、主に欧州で盛んに研究され、遺伝・生理・生態・突然変異・教材などに関する研究情報誌‘Arabidopsis Information Service’（AIS）がドイツ・ゲッチンゲン大学（G. Röbbelen編集）から発行され（1964年）、また、同大学に設置された種子銀行（系統保存施設）によるシロイヌナズナ・エコタイプや近縁植物の収集・保存・供給の活動が行われました。AISと種子銀行はその後クランツ（フランクフルト大学）に引き継がれました。シロイヌナズナ研究に関する国際学会も断続的に開かれています。2010年6月には21回目の国際会議が横浜市で開催されました。日本では1970年代に藤井太郎（国立遺伝学研究所）が放射線の影響などの研究に用いたのが初めてのようです。また、清水芳孝（東北大学）は、シロイヌナズナの生活環が短いことから「早がけ植物（tachyplant）」と名づけて教材植物として紹介しています（1973年）。

　分子生物学が発展して遺伝子と形態や生理機能の関連が解明されるようになり、1985年頃からゲノム量と重複遺伝子の少ない植物として改めて注目されました（Meyerowitz and Pruitt 1985）。日米欧の各国が参加した国際的なゲノム研究協力（日本は「かずさDNA研究所」が参加）が1996年に始動し、2000年12月に全塩基配列の解読が完了しました（Arabidopsis Genome Initiative 2000）。

　ゲノム解読完了後、突然変異体を用いた遺伝子機能の解明、遺伝子とその指令でつくられるタンパク質との対応や、つくられたタンパク質の働きを解明する研究が進みました。また、2万8,000あまりの遺伝子の働きを明らかにするため、完全長cDNAの収集が理研のBRCなどを中心に進んでいます。これらの研究により、遺伝子の情報で合成されるタンパク質の機能や構造が解明されるとともに、遺伝子を改変して組み込んだ新しい植物を作製し、食品や、

表9-2 シロイヌナズナ研究の歴史

年代	人名	研究内容または事項
1943	Laibach	シロイヌナズナの染色体数が10個であることを確認
1955		ドイツ・ゲッチンゲン大学において第7回Arabidopsis 会議開催
1964	G. Rōbbclen（Gōttingen大学）	Arabidopsis Information Servise（AIS）を発刊（年刊誌）
1970 ~	藤井太郎（国立遺伝研究所）	日本においてシロイヌナズナ研究始まる
1973	清水芳孝（東北大学）	シロイヌナズナを「早がけ植物」と名付け、研究と教育の材料に利用
1985	Meyerowitz and Pruitt	ゲノム量と重複遺伝子の少ない植物として改めて注目
1987	Kranz and Kirchheim	AIS 種子銀行を引き継ぎ
1991		ABRC（Arabidopsis Biological Resource Center）（アメリカ・オハイオ州立大学に開設、1995 年にTAIR（The Arabidopsis Information Resource）に改組）
1991		NASC（The Nottingham Arabidopsis Stock Centre）がイギリス・ノッチンガム大学に開設（現在は The European Arabidopsis Stock Center に改組）
1993		SASSC（The Sendai Arabidopsis Seed Stock Center）が仙台・宮城教育大学（後藤研究室）に開設
1996		国際ゲノム研究協力組織始動（日米欧の各国が参加、日本は「かずさ DNA 研究所」）
2000	国際ゲノム研究協力組織	全塩基配列の解読が完了（Arabidopsis Genome Initiative 2000）に発表
2004		SASSC 保存の全系統を理化学研究所・筑波研究所・バイオリソースセンター（BRC）へ寄託
2018		第 29 回国際シロイヌナズナ研究会議（ICAR 2018）Turku 市（フィンランド）で開催

医薬品などへの実用的な面への応用が期待されています。

3. シロイヌナズナとはどんな植物か

シロイヌナズナはアブラナ科の長日植物です（写真9-2）。日本では普通、秋に発芽し、冬を越して春に花をつける越年草です。ヨーロッパには春に発芽、開花するエコタイプ（生態型）もあります（Redei 1969）。開花後、急いで種子をつくり、他の植物が繁茂する前に枯れて姿を消します。日本植物誌（1972）では、海岸、低地の草原等に生育するとなっていますが、東北の仙台地方では5月頃、公園や道路わきの空き地、歩道の植え込み、花壇のへりなどにも普通に見られます。

学名は、*Arabidopsis thaliana*（L.）Heynh. ですが、初めて記載されたのは16世紀のドイツの植物学者 Johannes Thal によるといわれます（Redei 1969）。*Arabidopis thaliana* と命名したのは、二名法によって生物分類学の方法を確立したリンネです。

写真9-2　シロイヌナズナの花序（上）とロゼット（下）

Arabidopsis は Arabis（ハタザオ属）に似ている（opsis）の意で、Arabis はアラビア国を指し、thaliana は最初に記載した Thal にちなみます。また、Heynh. はこの学名を決定した Heynhold の名に由来します。英名は mouse-ear-cress, wallcress でハタザオも同名です。Arabidopsis 属と Arabis 属は非常に近縁のため、いろいろな植物が Arabidopsis 属に入れられたり外された

りしました。この経緯については "Arabidopsis Book"（Al-Shehbaz and O'Kane, Jr. 2002）に詳しく記されています。

　シロイヌナズナに似た和名を持つ植物に、ナズナ（*Capsella bursa-pastris*）、イヌナズナ（*Draba nemorosa*）、シロバナノイヌナズナ（エゾイヌナズナ、*Draba borealis*）などがありますが、どれも属が異なり系統としてはそれほど近くないものです。シロイヌナズナの近縁種としては、シロイヌナズナ属（Arabidopsis）に属する植物が8種、9亜種あり、この中には身近なものではハクサンハタザオ、ミヤマハタザオ、タチスズシロソウなどが入っています（Al-Shehbaz and O'Kane, Jr. 2002）。

4. モデル植物としての特徴

　シロイヌナズナがモデル植物として注目されるようになったのは、ゲノム量が少ないことから「植物のショウジョウバエ」「植物の大腸菌」などと呼ばれるようになった1980年代後半からのことです（Koshland 1985、Meyerowitz and Pruitt 1985）。シロイヌナズナが実験植物に用いられるようなった主な理由を次に記します。

（1）ゲノム量が少ない

　ゲノム量（核DNA）の少なさが実験モデル植物となった最大の理由です。シロイヌナズナのゲノム量は研究の進展につれていろいろ変わりましたが、2009年の時点で、核DNA量は115Mbp（1億1,500万塩基対）、遺伝子数は2万8,253となっており、他の植物に比べてゲノム量の少なさがきわだっています（表9-1）。これはDNAと遺伝子の繰り返し配列（細胞内に同じ遺伝子が2個またはそれ以上存在する）が少ないことによります（Arabidopsis Genome Initiative 2000）。

（2）　染色体数が少ない

　染色体数は 2n＝10 で植物の中では少ない方ですが、個々の染色体はきわめて小さく、各染色体を形で区別するのも難しいので細胞遺伝学の材料には不適といわれました。なお、シロイヌナズナ以外の Arabidopsis 属はほとんど 2n＝16 か 2n＝32 となっています（Al-Shehbaz and O'Kane, Jr. 2002）。

（3）　生活環が短い

　シロイヌナズナを実験に用いる際、まずは種子を多量に得る必要があります。自然条件下で栽培するのが最も多く種子を採る方法です。自然条件では秋に播種し、春に採種します。開花するまでの期間はエコタイプ（生態型）により異なり、80 日から 140 日にわたります。恒温室栽培では日の長さを 15 時間程度の長日条件にすると約 60 日で最初の種子が採れます。しかし、エコタイプによっては長期間花が咲かないものや、開花するためには一定期間低温処理が必要なものもあります。試験管培養（寒天栽培）では早いものでは 40 日で種子が採れます（写真 9-3）。

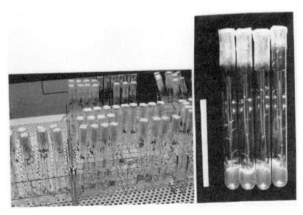

写真 9-3　シロイヌナズナの試験管内での寒天培養

（4） 植物体が小さい

　種子は長径 0.5mm、短径 0.3mm の楕円形で非常に小さく、1,000 粒当たり
の重さは 16 〜 31mg 程度です。実験では、9cm シャーレに最大 500 粒程度播
種できます。鉢植え栽培や試験管栽培で生活環を全うさせるには 2 〜 3cm^2 の
面積があれば足り、狭い場所に大量の植物が生育できます。植物体は、野外で
大株になったものは草丈最大 80cm、人工気象室の環境では 20 〜 30cm の高
さになります。

（5） 突然変異体の作製が容易

　種子をエチルメタンスルフォン酸などの突然変異誘発剤で処理する方法で
比較的容易に突然変異体を得ることができます。また、鉢植えの植物の茎と花
芽をアグロバクテリウム菌（*Agrobacterium tumefasiens*）を懸濁した液に
直接漬けて遺伝子組み換え植物を作成する方法もあります。現在、多数の突然
変異体が作製されていますが、古くから有名なものはピン突然変異体や、5 個
の各染色体の 1 カ所または 2 カ所で突然変異を起こした変異体です（後藤
1997）（写真 9-4）。なお、この変異体を用いた研究の詳細は後述します。

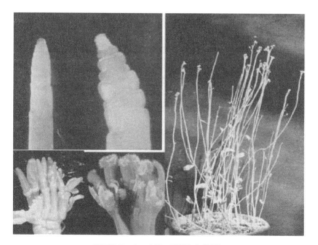

写真 9-4　ピン突然変異体
右：全形、左上：ピン状の生長点、左下：異形の生長点上で分化した花芽（子房）群。

（6）　交雑実験が容易にできる

ルーペとピンセットで簡単に除雄（受粉前におしべを取り除く）や掛け合わせ作業ができ、系統間雑種、種間雑種をつくることができます。

（7）　種子が多数採れる

種子は1サヤに30〜70個できます。自然条件下で大株に成長した植物では1個体から数千粒から最大5万粒の種子が得られます（後藤1997）。種子収量は個体の生育面積に大きく依存し、試験管栽培では150粒程度の収量です。

（8）　多数の生態型（エコタイプ）がある

シロイヌナズナはアフリカの熱帯から北緯68度の寒帯、さらにはヒマラヤの高山にまで分布しているため、多数のエコタイプが知られています。このため、遺伝生態、生態進化の研究に有利な研究対象となります。エコタイプは気候（とくに春先の気温・秋の降雨量・日長など）・土壌・日光の質と強さなどの影響で、形質が固定すると考えられています（Redei 1969）。ヨーロッパ、アジア、アメリカなど北半球に多く自生しています。日本では北海道から九州まで広い地域から野生型が採取されています。

5.　シロイヌナズナのゲノム減少の道のり

シロイヌナズナはどのようにしてゲノム量を減少させたかについては今もって不明です。現在推定されている進化の道のりは、約1億1千万年前にゲノムの重複が起こって4倍体が形成され、その後、アブラナ科の中で分岐が起こったというものです（図9-1）。シロイヌナズナ属に分かれた後、重複遺伝子が減少したと考えられます（Arabidopsis Genome Initiative 2000）。古くは、カキネガラシ属（n=8）の植物とハタザオ属（n=8）の植物が雑種をつくり、その後染色体を減少させてシロイヌナズナ（n=5）が誕生したという考えもありました。

2億年前　1億5千万年前　1億1千万年前　12-19百万年前　6-9百万年前

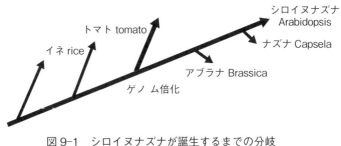

図9-1　シロイヌナズナが誕生するまでの分岐
（Nature 408 巻による）

6. シロイヌナズナを用いた研究例

（1）　フロリゲンの実体解明

　早くから花芽を形成する際には花成ホルモン（フロリゲン）が働くことが予想されていました。それは葉でつくられ、茎の成長点に運ばれて作用すると仮定されました。その実体はFTタンパク質というタンパク質であることがシロイヌナズナを用いて、日本の研究者によって発見されました。このタンパク質は葉でつくられ、茎頂へ運ばれ、そこにあるFDタンパク質というタンパク質と結合してAP-1遺伝子に働きかけ、AP-1遺伝子が花芽形成のスイッチを入れることが突き止められました（Abe, et al. 2005）。

（2）　花器官形成における ABC モデル

　シロイヌナズナの花の構造は外側からガク片、花弁、おしべ、めしべの順に並んでいます。これらの器官形成はABCという3つの遺伝子によって制御されており、遺伝子の組み合わせによって各花器官がつくられるというABCモデルが提案されました。その概要は、A遺伝子がガク片を指令し、AとB遺伝子が共同して花弁を指令し、BとC遺伝子が共同しておしべを指令し、C遺伝子が単独でめしべ（心皮）を指令するというものです。このモデルは花器官形成の仕組みを最も無理なく説明できること、また、キンギョソウなど他の植物の花器官形成にも適用されることがわかり、一般的な花器官の形成過程を

説明する理論になっています。

（3）　サヤがはじけない果実の作成

　ナタネなどアブラナ科の作物では、収穫するまでの間にサヤがはじけて失われる種子が20〜30％に上るといわれます。そこで、はじけないサヤのアブラナをつくることは農業上大きなメリットになります。シロイヌナズナでサヤがはじけない突然変異体がつくられました。果実のサヤがはじける際には、果実の中央を縦に区分している隔壁とサヤ片の接点になる細胞群にリグニンが沈着します。果実が乾燥するとサヤ片がちぢみ、リグニンが沈着した部分が引っ張られて隔壁と分離し、裂開が起こります。サヤがはじけない突然変異体はリグニンの沈着が少ないので乾燥しても裂開が起こらなくなります（写真9-5）。

（4）　ピン突然変異体とオーキシン移動

　シロイヌナズナの突然変異体の一つ、ピン突然変異体は抽だいしても正常な花芽ができずクギ状に尖った茎になります。また、たとえ花器官ができても、花弁におしべの薬（やく）ができたり、茎頂に多数のめしべ（心皮）ができたり、

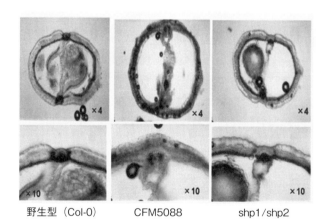

野生型（Col-0）　　　　CFM5088　　　　shp1/shp2

写真9-5　サヤがはじけないシロイヌナズナの果実の横断切片、
隔壁とサヤの接点にリグニンの沈着が起こらない。
（CFM5088は遺伝子組み換え植物、shp1/shp2は二重突然変異体）

さまざまな形態異常を呈します。このような突然変異体をピン突然変異体といいます（写真9-4）（Goto et al. 1991）。この突然変異体の異常形態は、茎頂で合成されたオーキシンが基部へ運ばれる「極性移動」が阻害されるために起こることがわかりました。

（5）　花器官の突然変異体

　花の突然変異体で代表的なものは前述のピン突然変異体です（写真9-4）。この変異体は花茎に葉がほとんどできず、茎の先端部に痕跡的な花芽ができます。また、茎頂がへら状に平たくなり、その先端部に多数の花芽を形成する場合もあります。

　ピン突然変異体は、花茎にさまざまな奇形を現しますが、その他の花器官の数や形にも奇形が現れます（写真9-6）。シロイヌナズナなどのアブラナ科

写真9-6　シロイヌナズナの花器官突然変異体。
上左：野生型、上右 ap2（ガク片の位置に心皮ができた）、下左：pi（花弁の位置にガク片、おしべの位置に心皮ができた）、下右：ag（おしべの位置に花弁、心皮の位置にガク片ができた）。

植物の花は、外側から内側へガク片４個、花弁４個、おしべ６個、めしべ（心皮）１個が並んでいます。花突然変異体の一つ ap2 は、ガク片の位置（１番外側の同心円領域）に心皮ができ、また、花弁の位置（２番目の領域）におしべができます。突然変異体 pi は、花弁の位置にガク片、おしべの位置（３番目の領域）に心皮ができます。突然変異体 ag は、おしべの位置に花弁、心皮の位置（４番目の領域）にガク片ができ、花弁が多くなります。

（6）　暗所での花芽形成

　暗所で生育したシロイヌナズナを花が咲くまで育てるのは難しいものですが、生育条件によっては花成が起こります。液体培地で振とう培養したり、試験管にガラスビーズを入れて回転しながら液体培養（25℃）したりすることにより、暗所生育の植物でも抽だいして花芽をつけることが観察されました（写真 9-7）。培地には糖（ショ糖）と窒素成分（KNO_3）を加えることが必要でした。

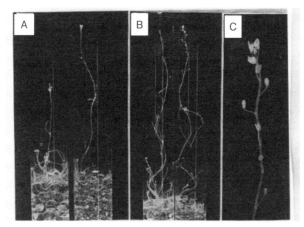

写真 9-7　全暗黒中で６週間試験管培養したシロイヌナズナの花芽形成
　A：Estrand 系統、B：En2n 系統、C：En2n 系統で形成された花芽（ガク片、花弁、おしべ、めしべ、柱頭などはできるが、胚珠はできない）。

（7）　成長調節物質・レピジモイドの効果

　レピジモイド（Lepidimoide、LM）は、長谷川宏司（第2章執筆者）らによって初めてクレス（*Lepidium sativum*）の発芽種子の分泌液から単離された植物成長調節物質です。筆者は、シロイヌナズナ植物体（ロゼット葉）から抽出した粗LM（分子量3,000以下の画分）をシロイヌナズナに与えると幼植物胚軸の伸長と子葉（葉柄を含む）の拡大を促進することを見ました（写真9-8）。さらにLMはシロイヌナズナ植物体（ロゼット葉）の成長も促進し、植物体の大きさを増大させました（写真9-9）。これらの効果は、細胞分裂よりも細胞拡大を促進することによって起こったことがわかりました。また、根の伸長は、細胞分裂と細胞拡大の両方を阻害することによって抑制されました。

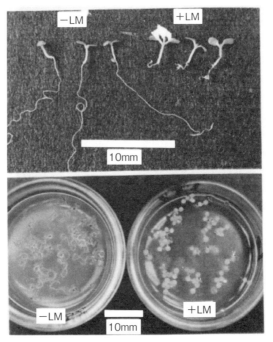

写真9-8　シロイヌナズナ芽生えの成長に対するレピジ
モイドの効果（寒天培地で7日間培養）
上図左3個体：対象、上図右3個体：レピジモイド100mg/l、
下図左：対称、下図右：レピジモイド100mg/l。

写真 9-9　シロイヌナズナに対するレピジモイドの成長促進効果（ロックファイバーブロック上、長日条件下で 30 日間培養）。
左：対称、右：レピジモイド 100mg/l を含む培地で生育。

（8）シロイヌナズナストックセンター

　シロイヌナズナのストックセンターは世界に 3 カ所あります（表 9-2 参照）。アメリカとイギリスのセンターでは、研究者の研究活動を支援しています。日本では、筑波の理化学研究所のバイオリソースセンター（BRC）に設置され、シロイヌナズナの世界中のエコタイプや近縁種、およびいくつかの植物の培養細胞、DNA、完全長 cDNA などの収集・保存・供給を行っています。

7. おわりに

　シロイヌナズナは、1980 年代にシンデレラ植物として登場し、その後、急速に実験モデル植物としての地位を確立しました。2000 年にゲノムの全塩基配列が解読された後も多くの研究に利用されています。例えば、2009 年の日本植物生理学会年会では 1131 題中 480 題（42%）が、また、同年の日本植物学会大会では 431 題中 54 題（12%）が何らかの形で本植物を取り上げています。また、2018 年にフィンランドの Turku 市で開かれた国際シロイヌナズナ

研究会議（ICAR2018）には、約600名が参加しました。さらにシロイヌナズナ近縁種を用いた遺伝生態学や生態進化学への利用、土壌改善（重金属の除去）などへの利用の研究も行われています。シロイヌナズナは、今後も当分の間は実験モデル植物として活躍し続けるものと思われます。

参考文献

Abe, M., Y. Kobayashi, S. Yamamoto, Y. Daimon, A. Yamaguchi, Y. Ikeda, H. Ichinoki, M. Notaguchi, K. Goto, and T. Araki（2005）. Science 309: 1052-1056.

Al-Shehbaz, I. A. and S. L. O'Kane, Jr.（2002）. The Arabidopsis Book. http://www.aspb.org/publication/arabidopsis.

Arabidopsis Genome Initiative（2000）. Analysis of the genome sequence of the flowering plant Arabidopsis thaliana. Nature 408：796-826.

後藤伸治「シロイヌナズナ ― 実験生物ものがたり ― 」『遺伝』51、1997年、pp.66-69

後藤伸治「植物と人間のコミュニケーションの歴史 ― 植物遺伝子との対話 ― 」長谷川宏司・広瀬克利・井上進編『植物の多次元コミュニケーション』大学教育出版、2019年、pp.1-13

Goto, N.（2004）. The Sendai Arabidopsis Seed Stock Center, SASSC（Seed Stock List/Commemoration Number）.

Goto, N., Katoh, N. and A. R. Kranz（1991）. Japan. J. Genet. 66：551-567.

Koshland, Jr., D. E.（1985）. Nature. Vol.229, No.4719 巻頭言

Kranz, A. R. and B. Kirchheim（1987 & 1990）. Genetic resources in Arabidopsis. Arabidopsis Information Service（AIS）. vol. 24, & vol.27.

Laibach, F.（1943）. Bot. Arch. 44：439-455.

Meyerowitz, E. M. and R. E. Pruitt（1985）. Science 229：1214-1218.

Redei, G. P.（1969）. Arabidopsis thaliana（L.）Heynh. A review of the genetics and biology. Bibliographia Genet. 21：1-151.

執筆者紹介（執筆順）

第1章

田幡　憲一　（たばた　けんいち）

尚絅学院大学特任教授、宮城教育大学名誉教授。九州大学大学院理学研究科博士後期課程生物学専攻修了。理学博士。

〈主著〉

長谷川宏司編『植物の多次元コミュニケーション』（共著）大学教育出版、2019 年。

松森靖夫編『論破できるか！ 子どもの珍説・奇説』（共著）講談社、2002 年。

田幡憲一・鈴木誠・森屋一・遺伝学普及会編『とっておき生物実験』（共編、共著）裳華房、1998 年。

〈受賞歴〉

日本生物教育学会学会賞功績賞（2021 年）

日本理科教育学会功労賞（2022 年）

第2章

長谷川　宏司　（はせがわ　こうじ）　**監修者**

巻末の監修者紹介を参照。

第3章

宮本　健助　（みやもと　けんすけ）

大阪公立大学・国際基幹教育機構教授（大学院理学研究科生物学専攻教授）。大阪市立大学大学院理学研究科後期博士課程単位取得退学。理学博士。専門分野は植物生理学。

〈主著〉

植物生理化学会編集、長谷川宏司監修『植物の知恵とわたしたち』（共著）大学教育出版、2017 年。

山本良一編『絵とき　植物生理学入門（改訂3版）』（共著）オーム社、2016 年。

Szajdak, L. W. ed., Chapter 8 Auxin, one major plant hormone, in soil. *Bioactive Compounds in Agricultural Soils*, Springer, 2016.

〈受賞歴〉

植物化学調節学会賞（2014 年）

第3章

曽我　康一　（そが　こういち）

　大阪公立大学大学院理学研究科教授。大阪市立大学大学院理学研究科後期博士課程修了。博士（理学）。専門分野は植物生理学。

〈主著〉

　大矢禎一編『文部科学省検定済教科書　中学校理科用　未来へひろがるサイエンス』（共著）啓林館、2021年。

　本川達雄・谷本英一編『文部科学省検定済教科書　高等学校理科用　生物　改訂版』（共著）啓林館、2018年。

　山本良一編『絵とき　植物生理学入門（改訂3版）』（共著）オーム社、2016年。

〈受賞歴〉

　日本宇宙生物科学会学会賞（2018年）

第4章

山村　庄亮　（やまむら　しょうすけ）

　慶応義塾大学名誉教授。名古屋大学大学院理学研究科化学専攻博士課程修了。理学博士。専門分野は天然物化学、生物有機化学。

〈主著〉

　山村庄亮・長谷川宏司・木越英夫編著『天然物化学　海洋生物編』（共編）アイピーシー、2008年。

　大勝靖一・山村庄亮・伊藤俊洋編『日本化学会編一億人の化学シリーズ13　生物毒の世界』（共編）大日本図書、1992年。

　寺西正行・山村庄亮編著、日本化学会編『一億人の化学シリーズ3　新ファーブル昆虫記』（共編著）大日本図書、1991年。

〈受賞歴〉

　日本化学会・米国化学会賞（Nakanishi Prize）（2010年）

　有機電気化学会貢献表彰（2008年）

　福澤賞（1999年）

　日本化学会賞（1992年）

第5章

中野　洋　（なかの　ひろし）

　農業・食品産業技術総合研究機構 九州沖縄農業研究センター 暖地水田輪作研究領域 水田高度利用グループ グループ長補佐。筑波大学大学院農学研究科（博士課程）修了。博士（農

学）。専門分野は作物学、天然物化学。

〈主著〉

吉永悟志監修、小泉光久制作・文『おいしく安心な食と農業　米』（共著）文研出版、
2021 年。

長谷川宏司・広瀬克利・井上進・繁森英幸編『異文化コミュニケーションに学ぶグローバ
ルマインド』（共著）大学教育出版、2014 年。

K. G. Ramawat ed., *Desert plants: biology and biotechnology*, Springer, 2010.

〈受賞歴〉

Visiting Scientist Award American Chemical Society, The ACS Ole Miss Section,
(2011)

日本作物学会研究奨励賞（2010 年）

第 6 章

上田　純一　（うえだ　じゅんいち）

大阪府立大学名誉教授。大阪府立大学大学院農学研究科修士課程修了。農学博士。専門分野
は植物生理化学、宇宙植物科学。

〈主著〉

植物生理化学会編集、長谷川宏司監修『植物の知恵とわたしたち』（共著）大学教育出版、
2017 年。

長谷川宏司編著『「教え人」「学び人」のコミュニケーション』（共著）大学教育出版、
2016 年。

長谷川宏司・広瀬克利編『最新　植物生理化学』（共著）大学教育出版、2011 年。

〈受賞歴〉

日本宇宙生物科学会功績賞（2015 年）

植物生理化学会賞（2014 年）

ポーランド科学アカデミー・メダル受賞（2012 年）

植物化学調節学会賞（1994 年）

第 7 章

横山　峰幸　（よこやま　みねゆき）

東京工科大学客員教授。筑波大学大学院博士課程修了。理学博士。専門分野は植物生理化学。

〈主著〉

長谷川宏司・広瀬克利編『最新 植物生理化学』（共著）大学教育出版、2011 年。

相沢益男編『最新 酵素利用技術と応用展開』（共著）シーエムシー、2001 年。

DiCosmo, F. and Misawa M. ed., Industrial application of biotransformations using plant cell cultures, *Plant Cell Culture Secondary Metabolism: Toward Industrial Application*, CRC Press, Boca Raton, New York, London, Tokyo, 1996.

〈受賞歴〉

植物生理化学会賞（2017 年）

化学・バイオつくば賞（2010 年）

新規素材探索研究会奨励賞（2005 年）

中国化粧品学術研討会一等賞（最優秀賞）（2002 年）

第 8 章

丹野　憲昭　（たんの　のりあき）

山形大学名誉教授。東北大学大学院理学研究科博士課程単位取得退学。博士（理学）。専門分野は植物生理学。

〈主著〉

RGDP 編 "Dioscorea Research 2"（2020）（共著）Research Group of Dioscoreaceae Plants（RGDP）、2020 年。

山村庄亮・長谷川宏司編『植物の知恵 ― 化学と生物学からのアプローチ』（共著）大学教育出版、2005 年。

山村庄亮・長谷川宏司編『天然物化学 ― 植物編 ―』（共著）アイピーシー、2007 年。

〈受賞歴〉

植物生理化学会賞（2019 年）

第 9 章

後藤　伸治　（ごとう　のぶはる）

宮城教育大学名誉教授。東北大学大学院理学研究科修士課程修了。理学博士。専門分野は植物遺伝生理学。

〈主著〉

長谷川宏司・広瀬克利・井上進編『植物の多次元コミュニケーション』（共著）大学教育出版、2019 年。

長谷川宏司・広瀬克利・井上進・繁森英幸編『異文化コミュニケーションに学ぶグローバルマインド』（共著）大学教育出版、2014 年。

The SENDAI Arabidopsis Seed Stock Center, Seed List. 2004 年。

〈受賞歴〉

植物生理化学会賞（2019 年）

日本植物学会特別賞（2009 年）

付録　1

"植物の知恵の仕組み"を制御する化学物質の構造式

〈光屈性制御物質〉

○ラファヌサニン（raphanusanin）（ダイコン）

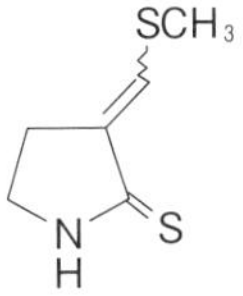

○4-MTBI（4-methylthio-3-butenyl isothiocyanate）（ダイコン）

○MBOA（6-methoxy-2-benzoxazolinone）（トウモロコシ）

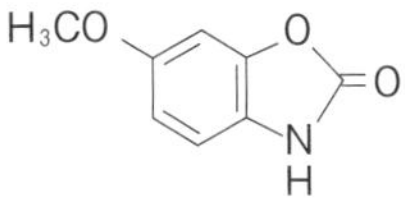

○DIMBOA（2, 4-dihydroxy-7-methoxy -1, 4-benzoxazin-3-one）（トウモロコシ）

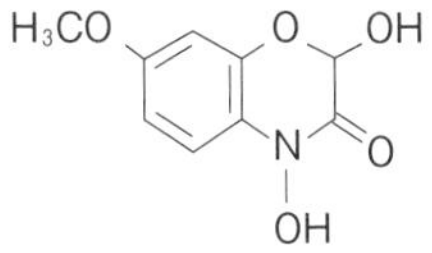

○ウリジン（uridine）（アベナ）

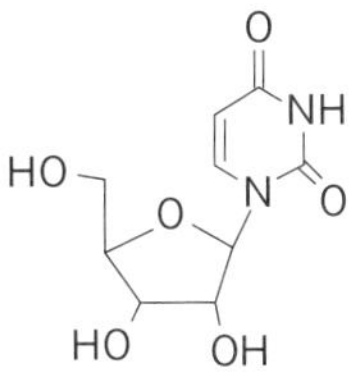

〈植物ホルモン・オーキシン（ケーグルが人尿より発見）〉

○オーキシン a

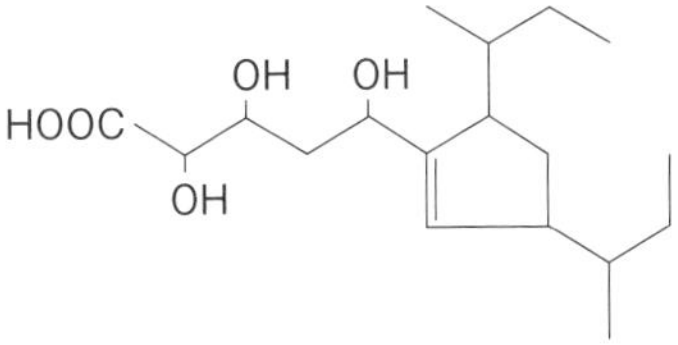

○オーキシン a のラクトン

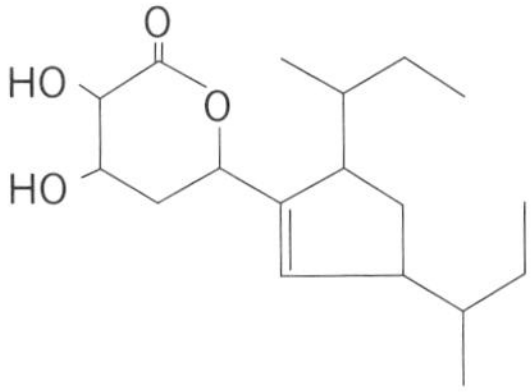

○オーキシン b

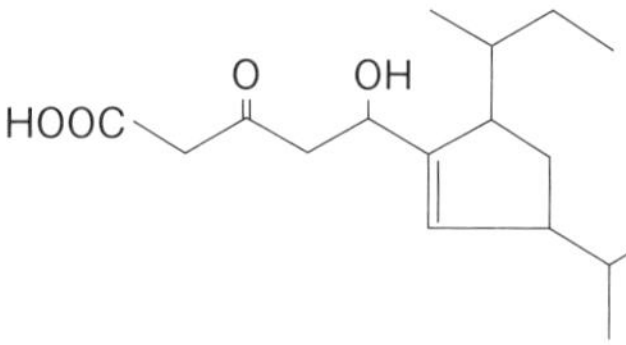

○ヘテロオーキシン（インドール酢酸）

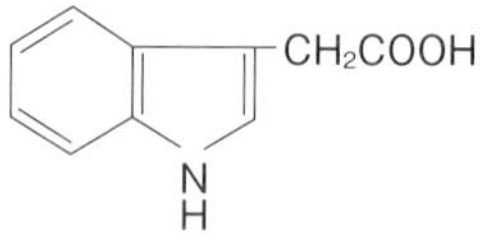

〈就眠物質（葉を閉じさせる化合物）〉

○5-O-β-D-グルコピラノシ
ルゲンチジン酸カリウム
（オジギソウ）

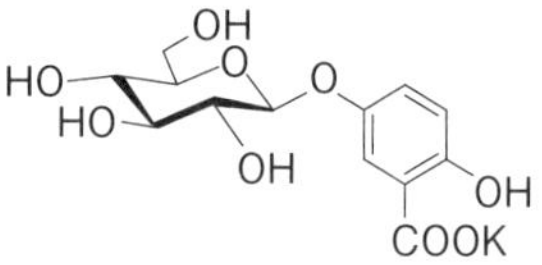

○ケリドン酸カリウム
（カワラケツメイ、
ハブソウ）

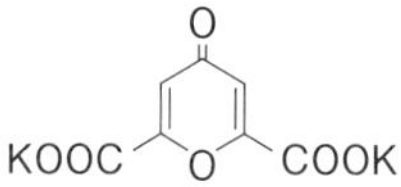

○D-イダル酸カリウム
（メドハギ）

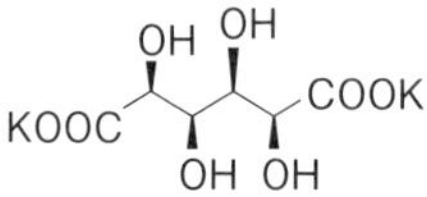

○β-D-グルコピラノシル11-ヒド
ロキシジャスモン酸カリウム
（ネムノキ）

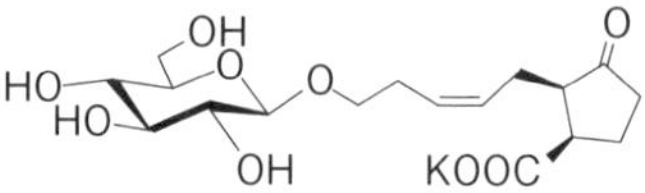

○フィランツリノラクトン
（コミカンソウ）

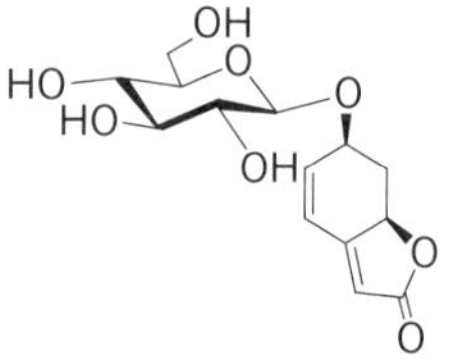

〈覚醒物質（葉を開かせる化合物）〉

○ミモプジン
（オジギソウ）

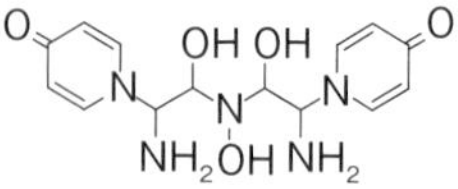

○4-O-β-D-グルコピラノ
シル cis-p- クマル酸カル
シウム（カワラケツメイ）

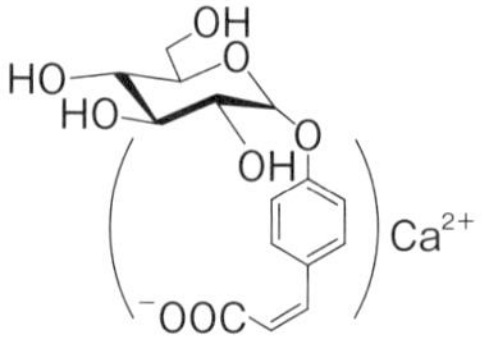

○レスペデジン酸カリ
ウム（メドハギ）

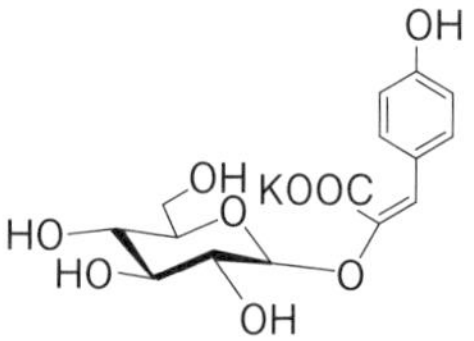

○ *cis-p-* クマロイルアグマチン
　（ネムノキ）

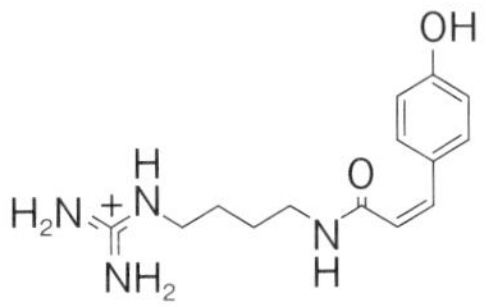

○フィルリン
　（コミカンソウ）

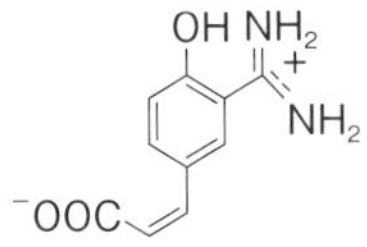

〈アレロパシー物質〉

○ *p-* クマル酸（*p-*coumaric acid）（ア
　カマツ）

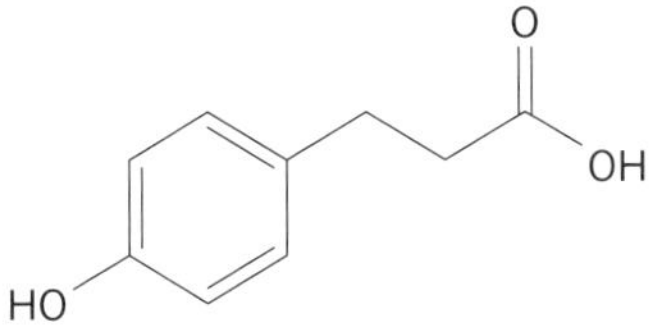

○ユグロン（juglone）（クログルミ）

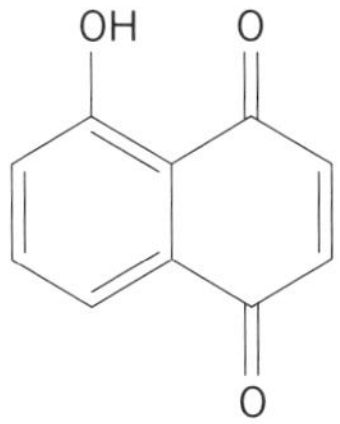

○リコリン（lycorine）（ヒガンバナ）

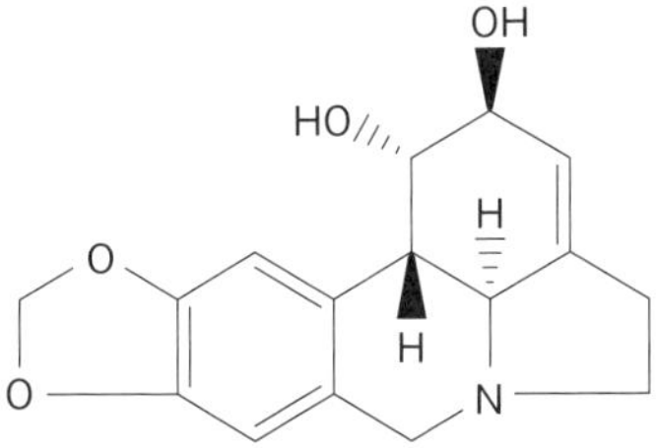

○シアナミド（cyanamide）（ヘアリー
　ベッチ）

$$H_2N \longrightarrow C \equiv N$$

○L- トリプトファン（L-tryptophan）
　（メスキート）

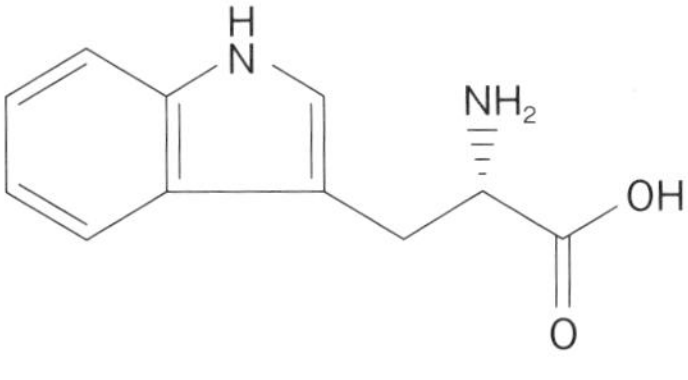

○レピジモイド（lepidimoide）（ガーデ
　ンクレス）

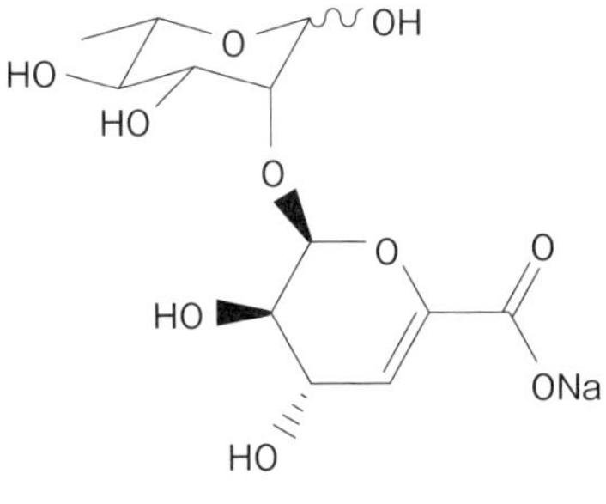

○エキプスアチレン A（echinopsacetylene A）（ヒゴダイ）

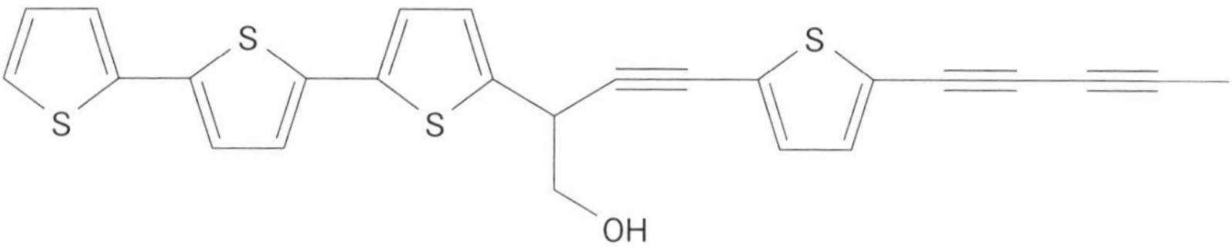

〈老化物質〉

○（−）−ジャスモン酸メチル（1962 年、ジャスミン（*Jasminum glandiflorum L.*）から芳香成分の一つとして単離された。）

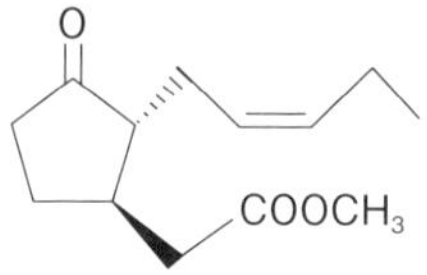

○1−ナフタレン酢酸（非天然型の化学合成されたオーキシンの一つ）

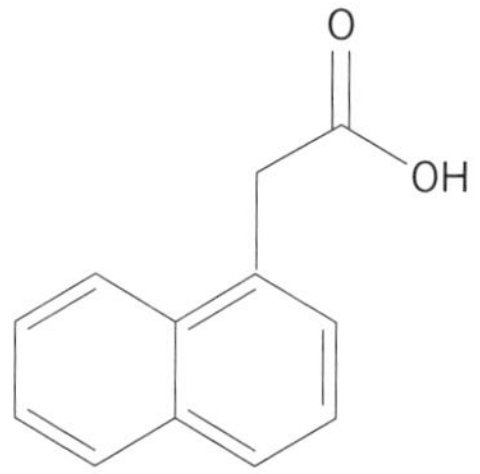

○2,4−ジクロロフェノキシ酢酸（非天然型の化学合成されたオーキシンの一つ）

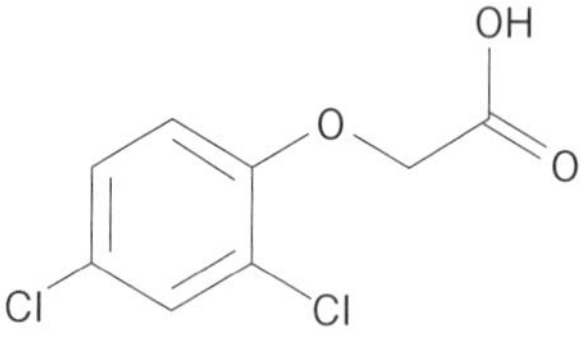

○チジアズロン

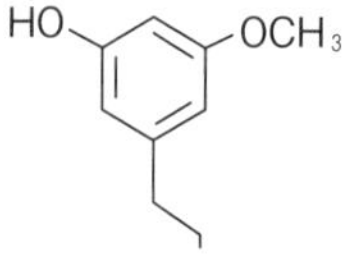

○ジウロン

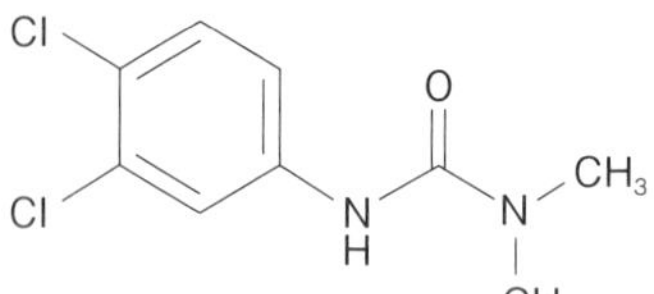

○エチクロゼート

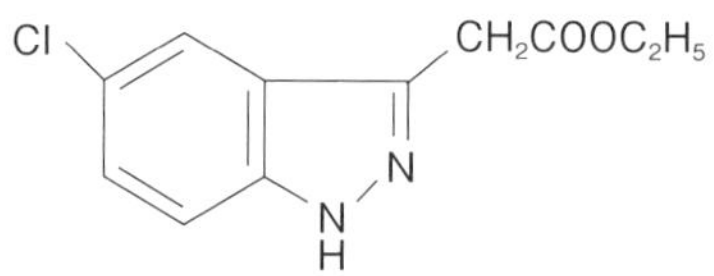

〈花芽形成物質〉

○KODA（α-ketol octadecadienoic acid）（アオウキクサ）

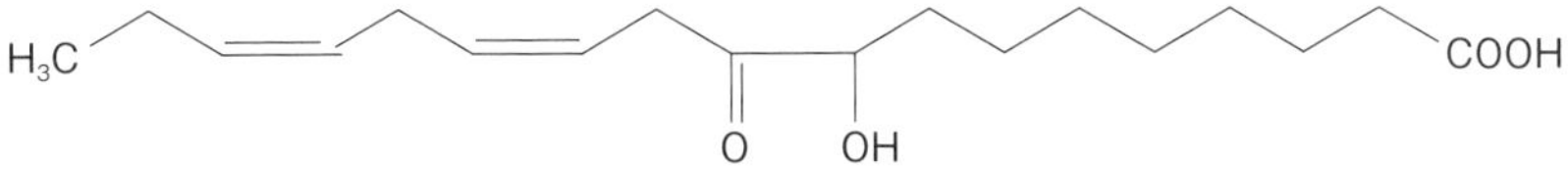

〈休眠物質〉

○ ジベレリン A₁　　　○ シベレリン A₃　　　○ シベレリン A₄

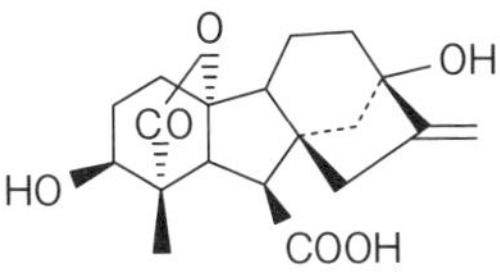

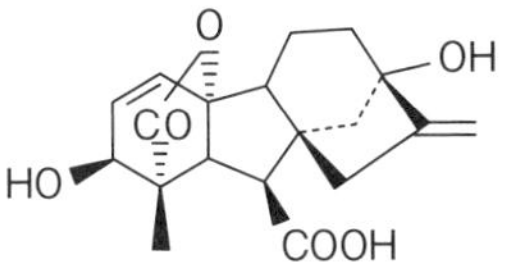

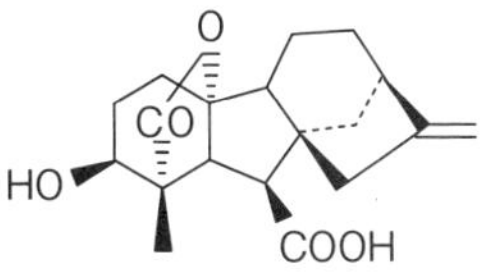

○ バタタシンⅠ 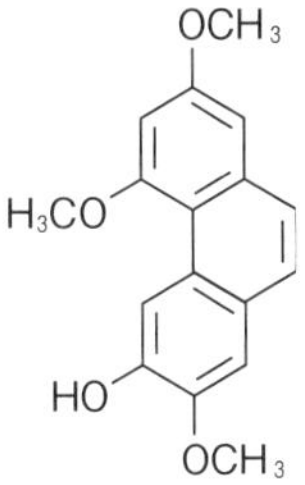　　　○ バタタシンⅡ 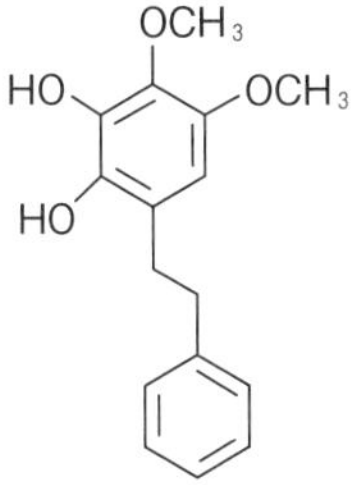　　　○ バタタシンⅢ

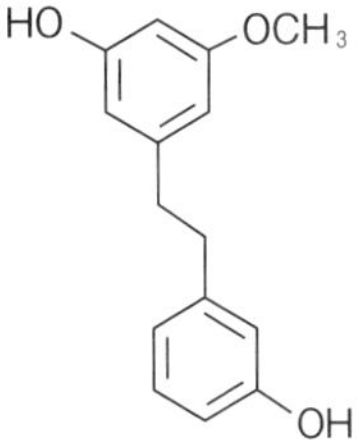

○ バタタシンⅣ 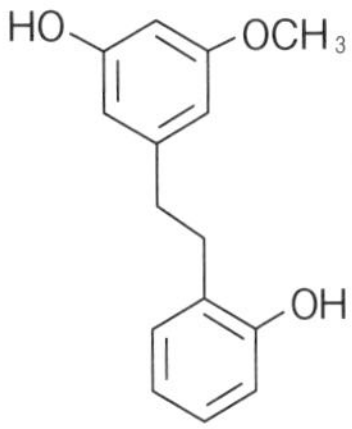　　　○ バタタシンⅤ 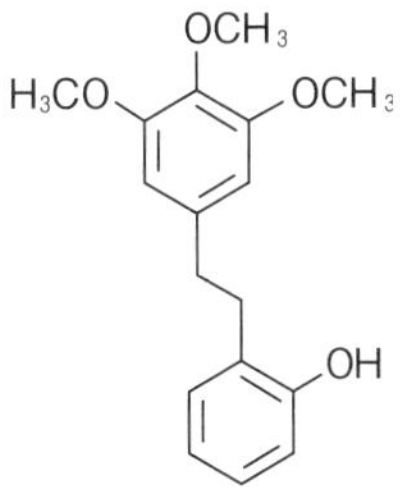　　　○ アブシシン酸

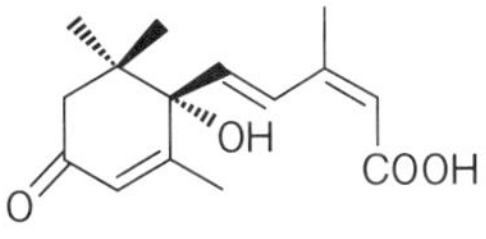

付録　2

植物生理化学会活動史

◆ 植物生理化学会シンポジウム（2014年より現・学会名に変更）

第1回植物生理科学シンポジウム（会場：鹿児島大学）2011年10月8日（土）

　　学会長：井上進（丸和バイオケミカル株式会社・代表取締役）

　　実行委員長：東郷重法（鹿児島純心女子高等学校・教諭）

　　特別講演1：上田純一・宮本健助（大阪府立大学・教授）

　　　　　　　「宇宙植物科学研究の最前線 ─ NASA における STS-95 植物

　　　　　　　宇宙実験地上基礎研究を中心として ─」

　　特別講演2：長谷川宏司（筑波大学・名誉教授、KNC ─ 筑波ラボラトリー・参与）

　　　　　　　「植物の運動・光屈性のメカニズム ─ 従来の仮説を覆す、鹿児島発の新仮説 ─」

第2回植物生理科学シンポジウム（北海道大学）2012年7月14日（土）

　　学会長：井上進（丸和バイオケミカル株式会社・代表取締役）

　　実行委員長：三木博孝（サンプラント有限会社・代表取締役）

　　特別講演：繁森英幸（筑波大学大学院・教授）

　　　　　　「植物の巧みな知恵 ─ その謎解きと利用」

　　　　　　　　　他1題

　　研究発表：口頭発表者（所属）共同研究者数「発表題目」

　　　　　　小出麻友美（筑波大学・大学院生命環境科学研究科）他7名

　　　　　　「エンドウの頂芽優勢に関わる生理活性物質の探索」

　　　　　　吉田知明（Vegetable Laboratory）「北海道型の周年栽培施設の開発」

　　　　　　　　　他2題

第3回植物生理科学シンポジウム（神戸天然物化学株式会社・バイオリサーチセンター）

　　　　　　　　　　　　　　　　　　　　　　　2013年7月13日（土）

　　学会長：繁森英幸（筑波大学大学院・教授）

　　実行委員長：広瀬克利（神戸天然物化学株式会社・代表取締役）

　　特別講演：穴井豊昭（佐賀大学農学部・教授）

　　　　　　「突然変異を利用したダイズの遺伝的な改変」

　　　　　　　　　他1題

　　研究発表：木立恵利（筑波大学・大学院生命環境科学研究科）他5名

　　　　　　「植物由来カフェ酸誘導体のアミロイド β 凝集阻害活性に関する研究」

　　　　　　吉野修之（株式会社資生堂・生産技術開発センター）他2題

　　　　「化粧品における植物と資生堂での取り組み」
　　　　　　　他6題
第4回植物生理化学会シンポジウム（東北大学）2014年11月2日（日）
　学会長：繁森英幸（筑波大学大学院・教授）
　実行委員長：後藤伸治（宮城教育大学・名誉教授）
　特別講演：横山峰幸（横浜市立大学・特任教授）
　　　　「KODA のもつ多用な生理作用と産業への応用可能性」
　　　　　　　他2題
　研究発表：黒田祐一（大阪府立大学・大学院理学系研究科）他6名
　　　　「植物の姿勢制御におけるオーキシン極性移動の重要性」
　　　　須藤恵美（筑波大学・大学院生命環境科学研究科）他4名
　　　　「トウモロコシ（*Zea mays L.*）芽生えの重力屈性制御機構の解明」
　　　　　　　他6題
第5回植物生理化学会シンポジウム（筑波大学）2015年9月12日（土）
　学会長：繁森英幸（筑波大学大学院・教授）
　実行委員長：山田小須弥（筑波大学・准教授）
　特別講演：山村庄亮（慶応義塾大学・名誉教授）
　　　　「新しい天然物の発見と異分野への展開」
　　　　　　　他1題
　研究発表：中野洋（農研機構九州沖縄農業研究センター）「ヒゴダイ属植物 *Echinops transiliensis*
　　　　由来新規チオフェンの構造」
　　　　真岡宅哉（神戸天然物化学株式会社）
　　　　「CDMO として中分子医薬品について基礎研究から関わり医薬品開発を推進」
　　　　　　　他8題
第6回植物生理化学会シンポジウム（大阪府立大学）2016年7月23日（土）24日（日）
　学会長・実行委員長：宮本健助（大阪府立大学・教授）
　特別講演：松葉頼重（PN リサーチ代表）
　　　　「自然に学んだこと　幾つか」
　　　　　　　他3題
　研究発表：山本俊光（甲子園短期大学・生活環境学科）「幼少期に栽培体験をよくした若者の
　　　　社会性」
　　　　岡田一穂（大阪府立大学・大学院理学系研究科）他4名
　　　　「天然型オーキシン極性移動阻害物質であるデヒドロコスタスラクトンの生理作用
　　　　およびその作用機構」
　　　　　　　他10題

第 7 回植物生理化学会シンポジウム（佐賀大学）2017 年 10 月 14 日（土）

学会長：宮本健助（大阪府立大学・教授）

実行委員長：穴井豊昭（佐賀大学・教授）

特別講演：品川雅敏（大豆エナジー株式会社・研究員）他 3 名

「発芽条件のコントロールによる大豆ファイトアレキシンの多様化促進について」

研究発表：宮本健助（大阪府立大学・大学院理学系研究科）他 6 名

「重力応答正常品種 Alaska と重力応答突然変異体 *ageotropum* との比較解析によるエンドウ上胚軸の重力屈性制御物質の探索：β-（isoxazolin-5 on 2yl）-alanine の関与の可能性」

三浦豊（丸和バイオケミカル株式会社）他 2 名

「ダイズ用茎葉処理除草剤フルチアセットメチル乳剤に関する研究」

他 7 題

第 8 回植物生理化学会シンポジウム（筑波大学）2018 年 11 月 17 日（土）

学会長：佐藤守（株式会社 大学教育出版・代表取締役）

実行委員長：長谷川宏司（筑波大学・名誉教授）

パネルディスカッション：「植物の "知恵" の謎解き ― 生物学と化学からのチャレンジ」

パネリスト：山村庄亮（慶應義塾大学・名誉教授）

丹野憲昭（山形大学・名誉教授）

上田純一（大阪府立大学・名誉教授）

司会：長谷川宏司（筑波大学・名誉教授）

特別講演 2 題

研究発表：西久保はるか（筑波大学・大学院生命環境科学研究科）他 4 名

「ベンゾキサジノイド化合物によるトウモロコシの光屈性・重力屈性メカニズムの解明」

富田雅紀（筑波大学・大学院生命環境科学研究科）他 2 名

「被覆植物からの生物活性物質の探索」

他 2 題

第 9 回植物生理化学会シンポジウム（つくば市・ホテルグランド東雲）2019 年 11 月 9 日（土）

学会長：長谷川宏司（筑波大学・名誉教授）

実行委員：真岡宅哉（神戸天然物化学株式会社・取締役）

植物生理化学会賞・受賞記念講演：

1. 橋本徹（神戸女子大学・名誉教授、元・神戸大学教授）

「植物の成長抑制物質に関する研究 ― 私と付き合ってくれた活性物質と友人達」

2. 後藤伸治（宮城教育大学・名誉教授）

「実験モデル植物シロイヌナズナの突然変異に関する研究」

3. 丹野憲昭（山形大学・名誉教授）
　「ヤマノイモ属植物のむかごの休眠に関する植物ホルモンの研究」

◆ 学術書出版

1. 『動く植物 ― その謎解き ―』山村庄亮・長谷川宏司編著、大学教育出版、2002 年
2. 『植物の知恵 ― 化学と生物学からのアプローチ』山村庄亮 ・ 長谷川宏司編著、大学教育出版、2005 年
3. 『多次元のコミュニケーション』長谷川宏司編著、大学教育出版、2006 年
4. 『天然物化学 ― 植物編』山村庄亮・長谷川宏司編著、アイピーシー、2007 年
5. 『天然物化学 ― 海洋生物編』山村庄亮・長谷川宏司・木越英夫編著、アイピーシー、2008 年
6. 『博士教えてください ― 植物の不思議 ― 』長谷川宏司・広瀬克利編著、大学教育出版、2009 年
7. 『食をプロデュースする匠たち』長谷川宏司・広瀬克利編著、大学教育出版、2011 年
8. 『最新　植物生理化学』長谷川宏司・広瀬克利編著、大学教育出版、2011 年
9. 『続・多次元のコミュニケーション』長谷川宏司編著、大学教育出版、2012 年
10. 『異文化コミュニケーションに学ぶグローバルマインド』長谷川宏司・広瀬克利・井上進・繁森英幸編著、大学教育出版、2014 年
11. 『「教え人」「学び人」のコミュニケーション』長谷川宏司編著、大学教育出版、2015 年
12. 『植物の知恵とわたしたち』植物生理化学会編集、長谷川宏司監修、大学教育出版、2017 年
13. 『植物の多次元コミュニケーション』長谷川宏司・広瀬克利・井上進編著、大学教育出版、2019 年、他多数

■ 監修者紹介

長谷川　宏司　（はせがわ　こうじ）

筑波大学・名誉教授。東北大学大学院理学研究科博士課程修了。博士（理学）。
専門分野は植物生理化学、植物分子情報化学。

〈主著〉

長谷川宏司・広瀬克利・井上進編『植物の多次元コミュニケーション』（大学教育出版、2019 年）

植物生理化学会編集、長谷川宏司監修『植物の知恵とわたしたち』（大学教育出版、2017 年）

長谷川宏司・広瀬克利編『最新　植物生理化学』（大学教育出版、2011 年）

山村庄亮・長谷川宏司編『天然物化学 ― 植物編 ―』（アイピーシー、2007 年）

長谷川宏司「桜島ダイコンはなぜ大きい？」（『文藝春秋』創刊 800 号記念・6 月特別号、1979 年、pp.358-362）

T. Hasegawa, K.Yamada, S. Kosemura, S. Yamamura and K. Hasegawa: Phototropic stimulation induces the conversion of glucosinolate to phototropism-regulating substances of radish hypocotyls. Phytochemistry, 51: 275-279（2000）

K. Hasegawa, J. Mizutani, S. Kosemura and S. Yamamura: Isolation and identification of lepidimoide, a new allelopathic substance from mucilage of germinated cress seeds. Plant Physiol., 100: 1059-1061（1992）

J. Bruinsma and K. Hasegawa: A new theory of phototropism–Its regulation by a light-induced gradient of auxin-inhibiting substances. Physiol. Plant., 79: 700-704（1990）

K. Hasegawa, M. Sakoda and J. Bruinsma: Revision of the theory of phototropism in plants: a new interpretation of a classical experiment. Planta, 178: 540-544（1989）

〈受賞歴〉

植物化学調節学会賞（1995 年）他。

植物の知恵 ― その仕組みを探る ―

2023 年 2 月 15 日　初版第 1 刷発行

■ 編　　者───植物生理化学会
■ 監 修 者───長谷川宏司
■ 発 行 者───佐藤　守
■ 発 行 所───株式会社 大学教育出版
　　　　　　　〒 700-0953　岡山市南区西市 855-4
　　　　　　　電話（086）244-1268　FAX（086）246-0294
■ 印刷製本───モリモト印刷㈱

ISBN978-4-86692-234-8